江户时期的
动植物图谱

狩野博幸——监修

邢鑫——译

东方出版社

东西之间的江户博物画

邢　鑫

　　1717 年 3 月的一天，刚刚继承将军之位不足一年的德川吉宗，在日本江户接受了荷兰商馆馆长等数人的觐见。德川吉宗表现出了对西洋事物的浓厚兴趣，下令询问使者能否翻译幕府书库所藏的约斯通《动物图说》一书。据传吉宗发现该书图绘非常精密，故而推测该书所载必有大用。青木昆阳、野吕元丈等人由此受命学习荷兰语并翻译该书，江户时代的兰学从此萌芽。令人玩味的是，即使对荷兰语一窍不通，《动物图说》中的精美插图还是引起了吉宗对该书的兴趣，这也许正是博物画的魅力所在。

　　吉宗以"精密"一词形容《动物图说》中的插图，确实道出了欧洲博物画的最大特点，即通过对动植物形态的精确描绘而再现自然。不同于只追求形似的欧洲博物画，中国宋明以来的花鸟画往往以"气韵生动"为最高境界，而以工笔写实为流俗。介于东西之间的江户日本，在吸收中国山水花鸟画技法的基础上，同时受到西方博物画的影响，从而形成了独具一格的江户博物画。

博物画之所以能够在江户中后期的日本长盛不衰，各类图谱层出不穷，很大程度上源自本草学的发达。李时珍的《本草纲目》自17世纪初传入日本后，便成为本草学的标准参考著作。贝原益轩、稻生若水等本草学先驱正是在对和汉名物的考证过程中，开始意识到图像在辨识、描述博物中发挥着不可或缺的作用。与此同时，幕府御用画师狩野派对于装饰、写实风格的偏好，在一定程度上也促进了一种以形似为标准的视觉语言的形成。本草家之博物画重在辨物，画师之花鸟画意在审美。双方之间本来关涉甚小，却在外力推动下得以展开大规模合作与交流，创造了"图肖其形，谱录其说"，以图谱并重为特色的博物画类型。这一契机正是源自本草家、幕府医官丹羽正伯在将军吉宗支持下于18世纪30年代所开展的诸国产物调查。诸国产物调查对地方物产的重视一方面刺激了本草家对实地调查的重视，另一方面也凸显了图画在博物信息的记录、传达上有着文字不可及的长处。通过各藩狩野派画师绘制的动植物写生图，丹羽正伯得以超越方言、文字的局限，借助图画确定相应的物类。而对于不甚通晓动植物名称的地方武士而言，便于保存携带的博物画成了传达实物信息的最佳手段。有趣的是，几乎与此同时，受邀前往长崎传艺的湖州画家沈铨在日本掀起了一股花鸟画热潮，开创了以工笔写实为特色的南苹派，影响了圆山应举、伊藤若冲等画家。沈铨、圆山应举等人倡导的写实主义画风和同时代本草家丹羽正伯、田村蓝水对"实际目击"的观察的强调互为表里，对于描述"真实"的追求——无论以文字抑或以画笔——在很大程度构成了本草家与画师得以交流的思想前提。

　　自享保时代之后，博物画的制作越来越普遍，并且出现了不少精美的博物图谱印本，如《花汇》、《本草图谱》、《画本虫选》、《水族写真》。由于资金和技术的限制，大量的博物画及图谱往往以写本的方式在本草家及博物爱好者之间传播。博物画制作者的身份，除了专业绘师之外，既有公家、大名等贵族，也有武士、町人乃至花户、鱼商等贩夫走卒，江户社会的博物热由此可见一斑。有趣的是，相当一部分精美的博物画乃是出自专业本草家之手。例如，《花汇》中的插图出自小野兰山之手，《琉球产物志》乃是田村蓝水自写自画。在1826年和德国博物学家西博尔德见面时，名古屋本草家水谷丰文更是展示了其亲笔所绘附有拉丁语属名的植物图谱。和西博尔德交流十分密切的本草家、兰学家宇田川榕庵同样长于丹青，经常向西博尔德寄送植物写生图。如果说像栗本丹洲、大窪昌章等人擅长绘画许是幼承庭训的结果，那么本草家如饭沼欲斋则是为了传达草木真形而半路出家苦练画技。饭沼氏在其《草木图说》引言中剖白心迹："余素不解绘事，然托之于画工，恐不得竭吾意。故自写制之曲直方圆，务随其形摸影，无神余所不辞。"显然，对于饭沼氏而言，真实而非神韵才是博物画所追求的目标。

概言之，博物画已经和野外考察一样几乎成了江户晚期本草家技艺的一部分，博物画之于本草家近似于标本之于近代博物学家。本草家创作的博物图谱在幕末达到了高峰，除了当时已经出版的岩崎灌园的《本草图谱》、饭沼欲斋的《草木图说》之外，尚有大量写本存世。其中较为突出的有马场大助的《群英类聚图谱》七十八卷，高木春山的《本草图说》一百九十五卷，松森胤保的《两羽博物图谱》五十九卷，贺来飞霞的动植物写生图三千余张。

《江户动植物图谱》一书中所收入的大量博物画，正是出自日本国立国会图书馆白井文库、伊藤文库所珍藏的写本。编者狩野博幸是专攻江户绘画的美术史家。在京都国立博物馆任职期间策划了伊藤若冲、曾我萧白等人的作品展览，后担任同志社大学文化情报学部教授。卷首《动植物写生与狩野派》为狩野氏所撰，有助于读者理解主流绘画流派狩野派与江户博物画的关系。

全书按照"草木鸟兽虫鱼"的顺序依次介绍相应的博物图谱，暗合江户人理解自然的流行框架。这一框架显然来自儒家的诗教传统，既不同于李时珍《本草纲目》的分类图式，也与《尔雅》"草木虫鱼鸟兽"的次序略有区别，而是深受陆机《毛诗草木鸟兽虫鱼疏》的影响。在本书收录的四十二种图谱中，出现了数百种动植物，既有常见的园艺植物，如山茶花、牵牛花、万年青等，也有对时人而言罕见的异域动物，如南方鹤驼、吸蜜鹦鹉等。江户时代虽常常被视为封闭保守的"锁国时代"，实则并未自外于大航海以来的全球化进程，而是通过长崎、对马等若干窗口展开密切的贸易乃至文化交流。《远西舶上画谱》、《新渡花叶图谱》等记录了大量的外来植物，而本书收入的《外国珍禽异鸟图》则记录了不少从长崎引入的珍禽异兽，如紫水鸡、懒猴等。该图谱是幕末画家田崎草云根据长崎御用绘师所绘《唐兰船持渡鸟兽之图》临摹而成的写本。

全书博物画中质量尤为突出的有毛利梅园的植物画、栗本丹洲的动物画等。毛利的画多以实物写生而成，并且附有写生的日期。例如《梅园百花画谱》中的西番莲一图正是表现了其典型风格。其注记曰"丙戌送梅雨十有八日，一蔓真写意"，即写生于 1826 年旧历 5 月 18 日，并标有时人对其称呼，如玉蕊花、时计草。从其绘画手法看，该图准确地刻画了掌状五裂叶片及内外副花冠等花朵特征。五枚黄色雄蕊和三枚紫色雌蕊，这一西番莲花的最大特征也是清晰可见。毛利梅园的细致观察和写实功力同样也反映在他有关鸟类、鱼介类的写生画中。

在中国本草传统中，相比植物，对动物特别是鱼介类的记载是较为薄弱的。日本本草家们则利用其风土优势，自享保年间就开始对鱼类、贝类等进行分门别类的探讨，而其中表现最为突出的正是田村蓝水的次子栗本丹洲。栗本丹洲长于丹青，留下了大量动物图谱，其中以《千虫谱》和《皇和鱼谱》最为有名。西博尔德在江户时亦曾和丹洲见面，并收集了《蟹虾类写真》等作品，而其所编《日本动物志》中甲壳类的一部分则直接仿自丹洲的写生画。栗本丹洲在《海月蛸乌贼类绘卷》中所描绘的海月水母最能体现其功力，可谓惟妙惟肖。而在注记中则是引用了同时代本草大家小野兰山的见解："海蛇一种，赤色者也。备前州方言海蜇云。形如伞，下多细长之须，触之时则断落。若人手误触犯其身及须，则肿痛难忍，甚毒也。渔人不取云。兰山之说也。"

不同于近年已经出版的《本草图谱》、《诗经名物图》、《本草通串图谱》等中文版江户博物图谱，《江户动植物图谱》虽然篇幅不大，主题却是包罗万象。除了精选有代表性的图谱之外，编者还提供了大量作者和作品的信息，并为博物画中的动植物附上了现代学名，方便读者阅读。希望通过该书，读者可以管窥一豹，循着本书提供的线索探索更为广阔的江户博物画世界。

序言

告别漫长的战争时代而终于迎来和平，江户时代的庶民最希望的莫过于一生无病无灾。江户幕府亦不得不大力振兴农业和医学，而在自然界中探求适合作为药材的动植物知识——在中国称为本草——自古以来就是医生所必学的。

江户时代虽然是日本的锁国时代，本草类书籍和天文历书一样可以从中国和荷兰等国自由输入。大量高价海外书籍的引进，促进了日本的产业振兴和医学发展。

动植物图谱兴盛的另一原因在于各藩为了鼓励殖产事业而编纂《诸国产物账》。《诸国产物账》的制作从享保二十年（1735）持续到元文三年（1738），幕府为了调查领地内包括渔村海港等的物产，命令江户时期的本草家丹羽正伯（1700—1753）[1]进行系统调查，并在各地村级报告的基础上编纂成书。日本国内的动植物和矿物等产物无不网罗，被细致调查和记录下来。

---

[1] 原文如此，丹羽正伯生卒年当为（1691—1756）。——译者注

在此编纂活动之后，有的大名亲自绘制图谱，还出现了雇用绘师绘图的大名。不仅仅是武士，医生、町人①等身份的博物家（观察、研究自然界动植物的人）也纷纷出现。他们基于对动植物的细致观察而竞相进行"真写""生写"。

在江户时代，适合于图谱普及的木版画和流行的浮世绘一样发达，动植物图谱陆续刊行。但是雕版制作费用极高，终究无法持续，大量图谱的出版计划胎死腹中。许多杰出的动植物图谱至今未能刊行而埋没于世。

在此必须说明的是，江户时代的图谱有许多是临摹的，特别是动物图谱可以看到多种摹本。一般而言，不仅是模仿图像，还包括注记和年月日等。在那个时代，除了通过临摹保留有用的图像，也没有别的手段了。

因此，在诸位读者理解本书中的图谱也收入了临摹本的前提下，我将为您介绍作为鲜为人知的江户时代遗产而留存下来的动植物图谱的宝贵世界。

---

① 町人：日本江户时代对城市居民的称呼，主要指商人、町伎，还有部分工匠及从事工业工作的人。——编者注

目录

兽类图谱

虫类图谱

鱼介类图谱

凡例

本书所载动植物图谱皆为日本国立国会图书馆所藏。

本书所收录图谱按照植物和鸟兽虫鱼分类，并依据制作年代排列。

（动植物）个体的表记，根据图谱的记载采用日文中的旧字体汉字。

关于名称，按照鉴定后的名称、图谱上的名称这一顺序排列。此外

未正确描述特征的情况下附上"不正确"。

《画本虫选》，喜多川歌麿、宿屋饭盛（石川雅望）撰。天明八年
（1788年）刊，茑屋重三郎版，国立国会图书馆藏。

动植物写生与狩野派

狩野博幸

作为江户初期德川家的奥绘师①，狩野探幽（1602—1674）为后世狩野家的繁荣打下了基础。说起他的代表作，首选（京都）二条城、名古屋城等城郭障壁画②，或是大德寺、妙心寺、西本愿寺等寺庙障壁画。画家探幽的另一项功绩则是每日观察动植物而绘制的写生图卷，尚有大量遗存。

探幽一边指导上述障壁画的制作，一边在江户市内锻冶屋的住宅每天临摹画作，不断练笔并加以短评，最终积累了庞大数量的画卷、画帖，这些画作被总称为《探幽缩图》。在探幽五十五岁时其住宅被明历大火③烧毁，现存于世的均是此后的画作。《写生图卷》的画作开始于大火之前，遇到困厄依然不放弃坚持练笔，探幽的厉害之处正源于此，只看障壁画或屏风是无法了解的。

说到探幽的写生，人们往往举出东京国立博物馆的《草木花写生图卷》。

---

① 奥绘师：江户时代幕府御用绘师的最高等级，由狩野家世袭。——译者注
② 障壁画：包括屏风等在内的室内装饰画。——编者注
③ 明历大火：江户时代三大火灾之一，发生于明历三年正月十八到二十（1657 年 3 月 2 日到 4 日），烧毁了江户城大半区域。——编者注

图卷中的南瓜伴有淡淡的色彩，这是相当印象式的画法。我在很早以前介绍这幅作品时，曾评论它就像是法国印象派的水彩画一样，但仔细一想，这可是先于塞尚和莫奈等印象派大师两百年的作品。

探幽在异常忙碌的日子里依然努力写生，动力究竟来自何处呢？

直到最近，学界提及最早的近世写生图一般都以探幽的这几件作品为例，学习研究社版"花鸟画世界系列"第三卷《绚烂的大画》中介绍了一卷本《鸟类图卷》，附有武田恒夫、武野惠二人的详尽解说。这幅画卷宽约二十六厘米，长近六米，纸张质量并不算上乘。

《鸟类图卷》中有不下一百五十只鸟，还有三只蝴蝶、一只昆虫、一只鼬和五种花草。在《绚烂的大画》介绍该画卷时，正逢有人将其寄存在京都国立博物馆。笔者在任时将其购入，该画卷现已成为京都国立博物馆藏品（当时的购买金额是五百万日元）。

这一图卷虽然有错卷，大体可以分为 ABC 三组，具体可参考前书而不赘言。其

中 A 组所描绘的鸟类和狩野元信（1476—1559）或其周边画家的作品（大德寺塔头屏风）中所见的鸟类极其相近。换言之，这表明该图卷和狩野家有很深的关联。

值得注意的是图中的纪年，A 组是"天文九 十月廿二日"，B 组是"天文十一 二 九"，C 组是"天正四 正月十五"，分别是天文九年（1540）、天文十一年（1542）、天正四年（1576）。其中天文九年、天文十一年时元信尚存世，天正四年狩野家的首领变为永德，该年正是安土城开始建设之时。永德带着嫡子光信一家一起从京都前往安土。

此外，最值得注意的是从图卷的墨书中获得的信息。

1. A 组"松鸦直写者也"

2. B 组"写生也"

3. C 组"生鸟直写也"

各组所写均可见对"写生"的熟悉，以下依次说明。1 的含义是"直接看到松鸦的形态而描绘"，虽然对于"直"的读法不确定，但意思确实说的是描绘

眼前的松鸦。2是对伯劳的注记，特别说明这是"写生"。

　　在这两类情况中，无法确定是否是捕捉了松鸦或伯劳进行写生。从"直"的用法的角度而言，不能否定这类可能性。3的"生鸟直写"则毫无疑问意味着"亲眼看到活鸟（鸭）进行写生"。天正四年，已成狩野派核心的画师在繁重的工作中依然坚持对"生鸟"进行"直写"，实在令人感动。当然，有关墨书的书写者是与该图卷C组相关的狩野永德（1543—1590）这一主张，属于推测之言。

　　作为狩野派绘师，常常需要绘制障壁画和屏风，或挂轴和扇面中的花鸟画。对中日早期作品中的花鸟主题进行临摹并编纂这样的画卷，可谓情理之中。笔者曾经在美术杂志《国华》和《狩野永德的青春》（小学馆）中介绍于京都国立博物馆"狩野永德"展中首次公开的《花鸟图押绘贴屏风》（六曲一双）。该屏风中有曾见于《上杉本洛中洛外图屏风》的永德标准印"州信"朱文印，上杉本完成于二十三岁，据此推测该作品完成于二十岁左右。该作品中有一鹌鹑，此写生风格的鹌鹑和《鸟类图卷》B组即天文十一年所绘的鹌鹑姿态酷似。永德出生于天文十二年（1543）五月十三日，

洋溢着活泼热情的《花鸟图押绘贴屏风》正是化用了这幅和鹌鹑有关的图卷。

描画相当传神的鸟类并非出自"写生"这一事实，毫无疑问是狩野家绘画时的真实情形。

然而，真相总是复杂的。

对于狩野家而言，临摹前人作品的主题可谓理所当然。而这幅图卷表明，从元信到永德，主导狩野家的画家们不仅仅临摹绘画，还常常进行实物写生。

这一事实意义重大。尽管人们常常以探幽写生图卷作为实物写生的最初例子，实际上，狩野派进行实物写生的证据可以继续上溯到百年以前。

狩野探幽曾经鉴定著名的永德代表作《唐狮子图屏风》，给出了"狩野永德法印笔"和纸中极品的结论。也许不如说正是在探幽的推崇下，该画成了永德代表作。对探幽而言，相比于父亲孝信的英明，他更憧憬祖父作为画家的"智勇"。对于时人"永德再世"的评价，他不可能一无所知。

至少从元信到永德的时代（即室町时代后期到桃山时代），狩野家致力于

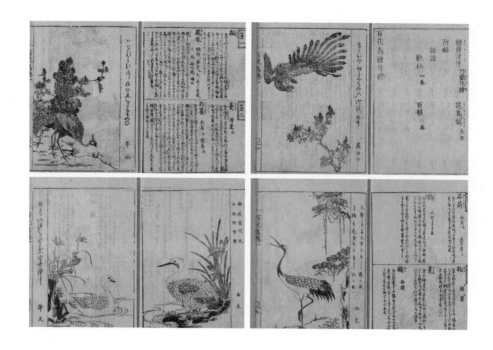

临摹前人作品和动植物写生，无法想象探幽对此漠不关心。永德爷爷一直以来不都如此吗？探幽乃是以永德为典范，而且是彻彻底底地模仿。

明历大火后，迄今仍留存如此之多《探幽缩图》和《探幽写生图卷》，正是由于探幽将这类工作视为"狩野家嫡流"的真正日常工作吧。这是得不到他人评价的寂寞工作。探幽的这一系列举动，是不是多少表明了这点？

小西家旧藏资料一般认为属于尾形光琳（1658—1716）的绘画资料，其中有一卷《鸟兽写生图卷》。该作品在某一时期被视为光琳的写生作品，而辻惟雄通过对大英博物馆所藏狩野派画家野田洞眠的同名图卷的研究，发现光琳的《写生图卷》乃是以探幽作品为基础而成（《美术研究》三十）。探幽写生图的影响力就是如此之大。虽说没有明确的附记，小西家旧藏中也有一部分可以视为实物写生。呈现不寻常姿态的两幅猫图，一幅枝豆图，值得关注的是，《燕子花图屏风》（根津美术馆）和挂轴《燕子花图》（大阪市立美术馆）很可能受到了《燕子花草图》的启发。

说起光琳，不能不提及其弟子渡边始兴。始兴也有《鸟类真写图卷》，不用

说是光琳《鸟兽写生图卷》的效颦之作（1683—1755）。又想起私淑始兴的画家冈山应举^①，从前述的 16 世纪中叶到 18 世纪中叶，能看出两百年间动植物写生画的发展可谓一以贯之。

贯穿其中的正是狩野派。18 世纪开始在诸国大名推动下，动植物图谱编纂盛行一时，其中作为主要参与者的正是狩野派绘师。之所以如此，探幽之后，诸大名的御用绘师几乎都是狩野派画家。在学院派画界，江户狩野家居于诸多等级的最高级，这就是所谓狩野家封建体制。在"大东亚战争"战败后，江户时代和狩野派被人所厌弃，狩野派被贬斥为"缺乏艺术性"。

笔者对于这样浅薄的历史见解抱有不同意见。

不用说光琳，应举甚至若冲（1716—1800）这些人，支撑起他们绘画生涯的基本素养不正是来自狩野派画家的教育吗？正是有了狩野派绘画的熏陶，才有可能出现后代这些脱逸出尘之作。

---

① 原文如此，应该是圆山应举（1733—1795）。——译者注

植物图谱

《草木写生春秋之卷》
狩野重贤·画　写本

明历三年（1657）—元禄十二年（1699）

　　画家狩野重贤的经历不详，似乎与美浓加纳藩（今岐阜县中南部）有一定关联。明历三年（1657）—元禄十二年（1699）所绘卷子本共有二百八十四品植物，其中多为园艺植物。第二代将军德川秀忠喜欢山茶花，据说这是江户时代园艺开始兴盛的契机之一。江户时代的园艺，前期以山茶花、樱花、梅花、杜鹃花、槭树等木本类为主，草本类只有菊花之类。中期以后，草本类逐渐成为主角，万年青、牵牛花、松叶蕨、花菖蒲、福寿草等粉墨登场。

自右起：
皱皮木瓜、杜鹃花。

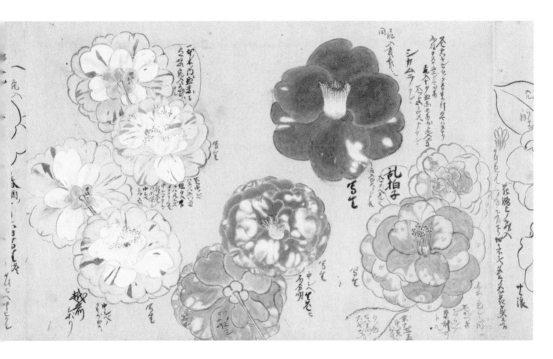

山茶花

《植物写生图帖》
松平赖恭·编 写本

　　本图谱为松平赖恭（1711—1771）编《写生画帖》的转抄本。高松藩将原本送至长崎，通过幕臣汉学家平泽元恺①向清人询问植物名称。当时之问题与回答亦被记录。松平赖恭编集的图谱现存《众鳞图》《众禽画谱》《写生画帖》《众芳画谱》四件。松平赖恭是江户中期大名，致力于殖产兴业，关心砂糖和盐类的制作方法等研究。

---

① 平泽元恺：江户中期儒者，1733—1791。——编者注

自右上角起：
牡丹（深见草、二十日草、山橘、名取草）
凌霄花（陵苕）
杜鹃花（蹄躅）、矢车杜鹃、梨花杜鹃、
映山红（钝叶杜鹃）、八重杜鹃
木芙蓉
木槿

夹竹桃

《本草图谱》

岩崎灌园·著　写本

天保元年（1830）—弘化元年（1844）

　　全九十二卷，是收录了两千余种植物的日本首部真正的彩色植物图谱。一幅图占据一面美浓纸型①或对开联页的大小。最初六卷为木刻板，此后皆以写本发布。岩崎灌园（1786—1842）是江户幕府的下级武士，喜欢采集和栽培植物，工作之余漫步山野进行写生。岩崎氏受到佐野藩主堀田正敦的赏识，向幕府献上植物图。《本草图谱》的刊行方式是，通过让画匠模仿灌园的绘图，以一帙四卷的方式配送给预订者。其中也含有外国产的植物，这些插图临摹自魏因曼（Johann W. Weinman，1683—1741。德国药剂师，植物学家）的《植物图谱》（*Phytanthoza Iconographia*）。

---

① 美浓纸型：和纸的一种尺寸规格，大小为 273mm×394mm。——编者注

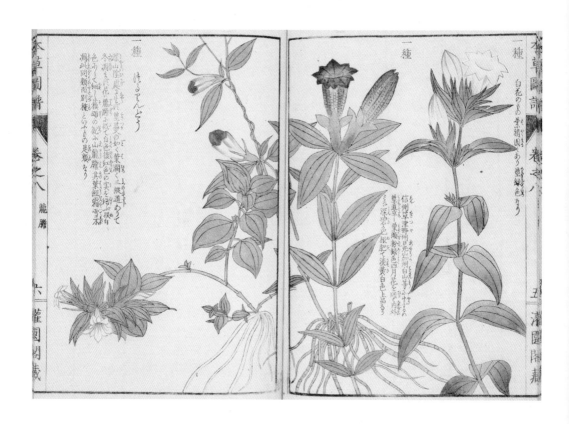

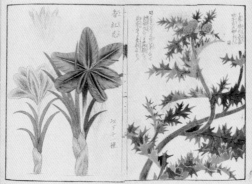

自右上角起：

龙胆、大蓟、番红花（咱夫蓝）

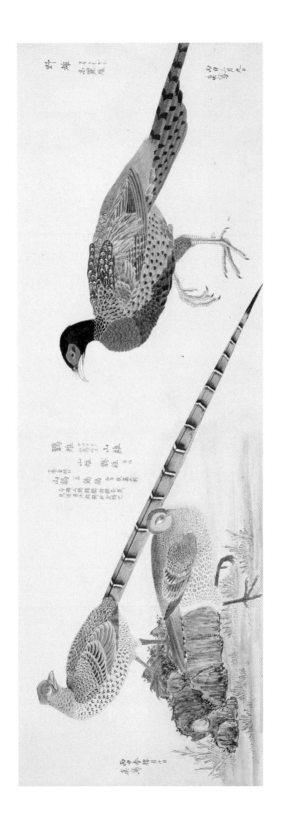

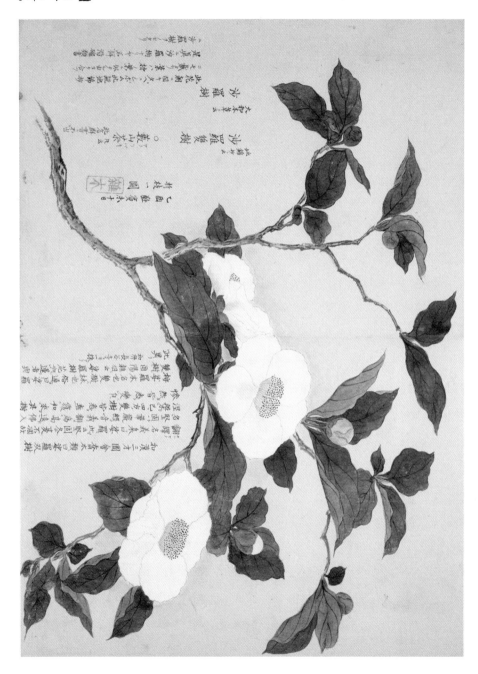

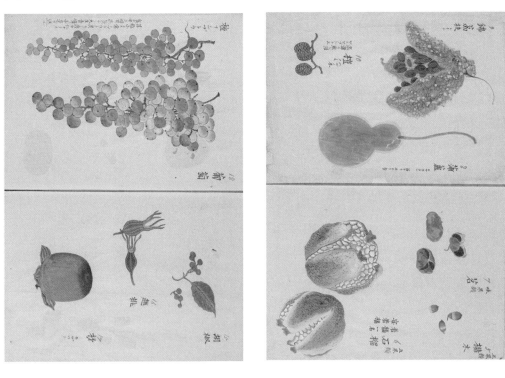

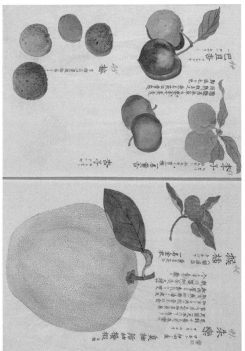

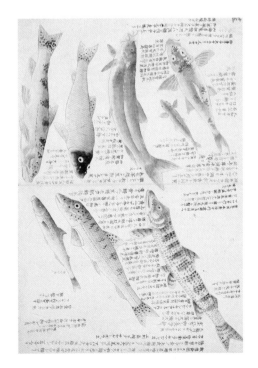

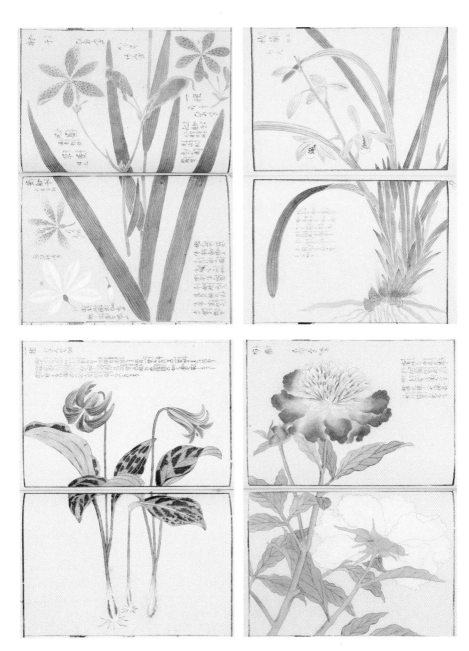

自右上角起：

秋兰、射干、芍药、山慈菇

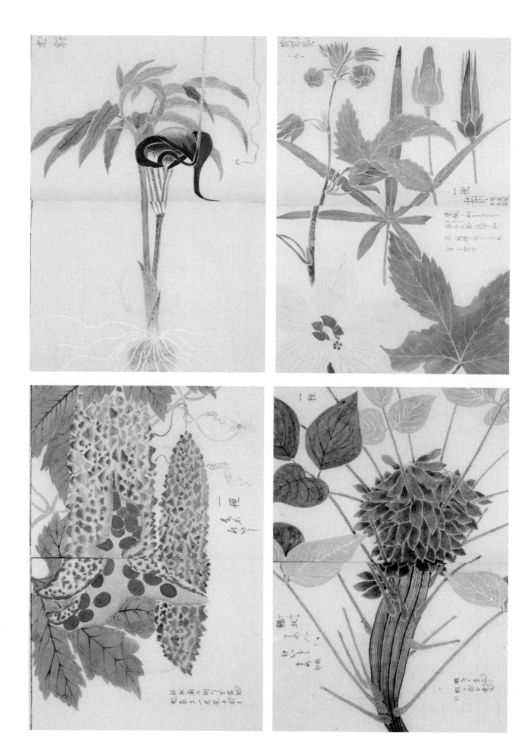

自右上角起：
铁脚（威灵仙、风车）、罂粟、桔梗、
罂粟、牵牛子（朝颜）

左页自右上角起：
黄蜀葵、虎掌（南天星）、大豆、苦瓜（蔓荔枝）

一種
玉繡蓮

同上の圖花
形亦前条ふ
似て中の辦粗
く色も前条と
同し花の未ふ
蕚あり

玉绣莲（莲花）

《梅园百花图谱》①
毛利梅园·画

文政八年（1825）

　　毛利梅园（1798—1851）是旗本②之子，诞生于江户筑地。二十余岁开始热衷博物学，有大量精美的动植物写生图存世。江户时代的博物图谱多是临摹他人绘画，而毛利梅园作品的最大特色正是实物写生，故而作为了解动植物的上佳资料流传于后世。

---

① 江户后期博物学家毛利梅园的《梅园图谱》，有二十四帖收藏于日本国立国会图书馆，是日本江户时代首屈一指的动植物图谱。《梅园图谱》在中国的知名度不错，特别是著作中大部分文本内容都用中文撰写，更是方便了国内读者的阅读与欣赏。——编者注

② 旗本：中世纪到近代日本武士的一种身份。一般指在江户时代石高未满一万石，但有资格在将军出场的仪式上出现的家臣，他们为德川军的直属家臣，拥有自己的军队，即使薪酬只有一百石，也都视为旗本。——编者注

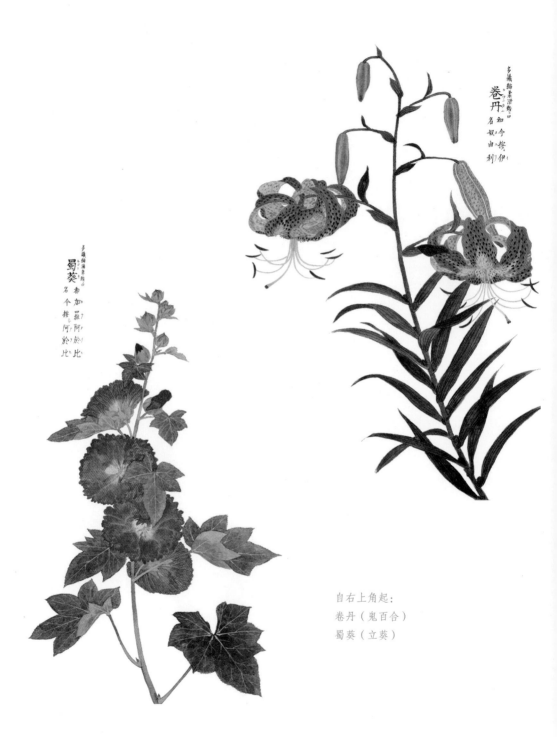

卷丹

多識編素滑類云曰
卷丹
和名
奴
由
利

今撰伊
名

蜀葵

多識編滿身蜀
蜀葵
和加ノ
名 加ノ羅ノ阿ノ於比

今撰
名 阿ノ於比

自右上角起：
卷丹（鬼百合）
蜀葵（立葵）

16

自右起：
虞美人草（丽春花、雏罂粟）
刺蓟菜

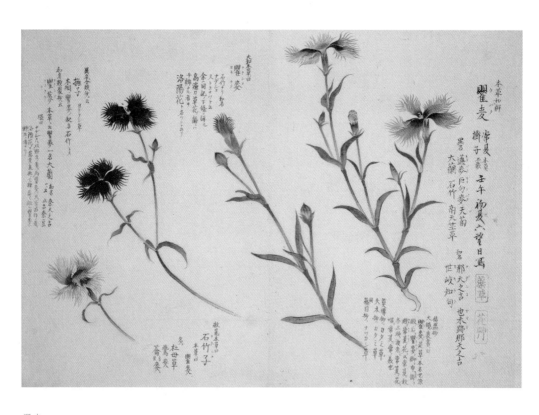

瞿麦

自上而下:
娑罗双树、丝瓜

自上而下:

风车花（铁线莲）

西番莲（玉蕊花、时计草）

《梅园草木花谱》

毛利梅园·画　亲笔　全十七帖

文政八年（*1825*）

　　春之部四帖，夏之部八帖，秋之部四帖，冬之部一贴，共收录1275品植物。另册附有目录。这一植物图谱是梅园图谱中的主要作品，构图与色彩之美令其足以作为艺术品供人欣赏。（植物）图像旁记有和汉名称、采集地、诸书之解说。"春之部"第一帖、第二贴分别有文政八年（1825）、天保十五年（1844）的自序。

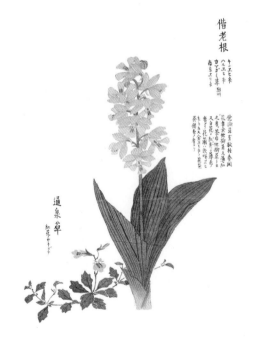

自右上角起：
猪牙花（王孙、片栗）
玉兰花
偕老根（虾脊兰、春虾根、虾根）
木兰

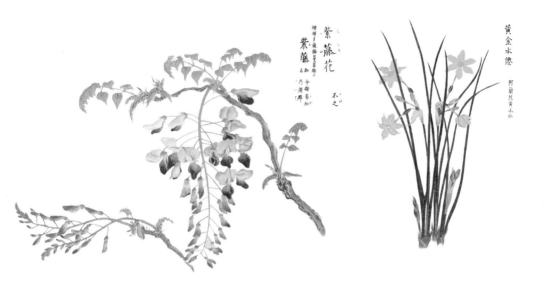

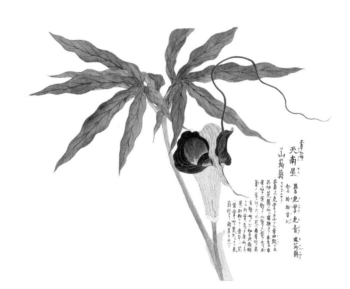

自右上角起：

黄金水仙（阿兰陀水仙）

紫藤花

天南星（山蒟蒻）

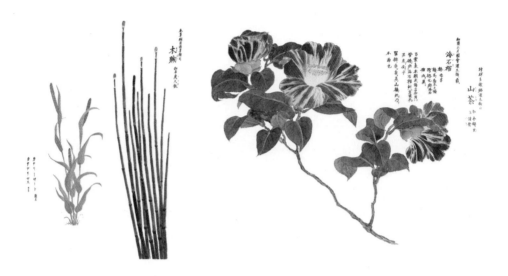

自右上角起：
山茶
木賊
棣棠花

自右上角起：
鹿子百合（美丽百合）
黄瓜（胡瓜）
棉花

鴨跖草（翠蝴蝶、露草）
朝鮮薊

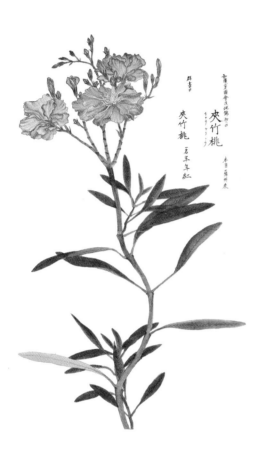

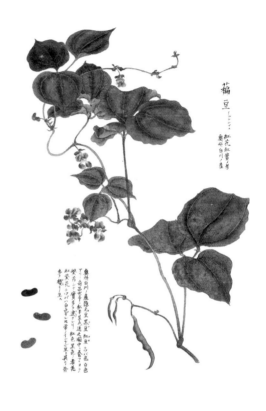

菜豆（扁豆、隐元豆）
夹竹桃

自右起：
萱草（疗愁）
萱草（金萱姬萱草）

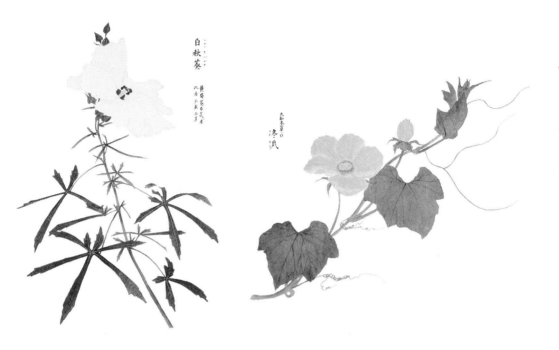

白秋葵

黄蜀葵白花者
八角无毒今呼

大和本草曰
冬瓜

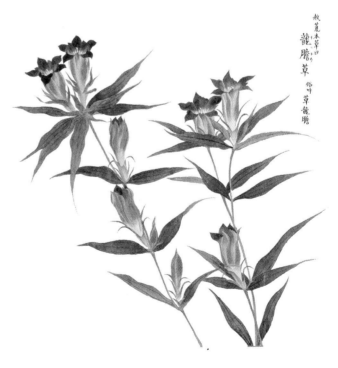

救荒本草曰
龍膽草
俗呼草龍膽

自右上角起：
冬瓜
黄蜀葵（白秋葵）
龙胆（龙胆草）

自右起：
狼杷草（田五加木）
杜鹃草
芡实（鸡头根、鬼莲）

右页自右上角起：
午时花（夜落金钱、子午花）
泽兰（兰草、藤袴）
千日红
翠菊（蓝菊、虾夷菊）
萱草（金萱姬萱草）

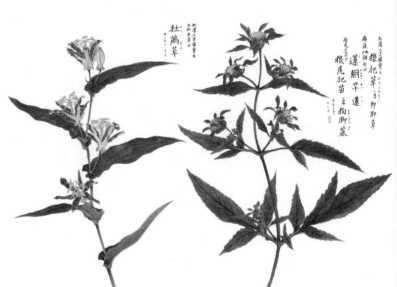

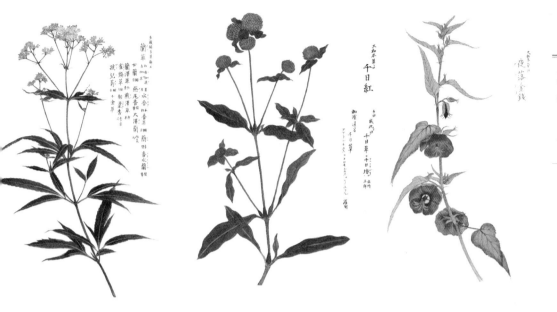

蘭草

千日紅

夜落金銭

植物图谱

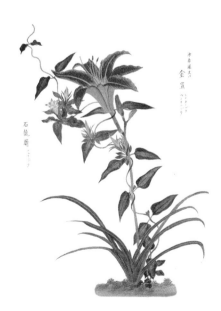

石薺苧

金盞

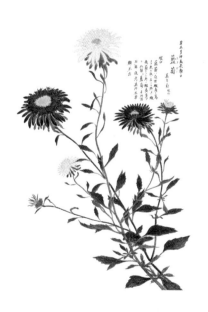

藍菊

多識紳水果類
蓮屬之條下四

蓮花

異名
芙蓉

名今

水華

芙蕖

予曰、蓮ハ物ノ内用ニ之名多シ根ヲ藕ト名メ
實ヲ蓮ト名メ天藕實ヲ蔽メ石蓮子
水芝澤芝トモ葉ヲ荷ニ敷ク花ハ荷
錢賤水者ハ藕衛ニ出水者ハ芙蓉ハ
蕊花帶ヒ也蓮莖ハ蓮花ヘマテ
是ク傍座類ヒ蓮泉ハ蕷也蓮屬ハ
其ヲ八リ唐花蜂房花ヲ致ク八ケス
ル草本ノ中ノ荷ヤ花葉蓮桃子等製品
ヲ用上ニ事易々ハ蓮ヲ第一人

乙酉秒秘中有三日莊
摺花園寫生
水艸

莲花

32

冬櫻

金钱花 朝鲜产

植物图谱

自右上角起：
金盏花（金钱花）
冬櫻
水仙

辛己黄鐘末十日

水仙花

云雪花

智二十

韶銀臺金盖

白石

自右起：
蜡梅
楼子葱（橹葱）

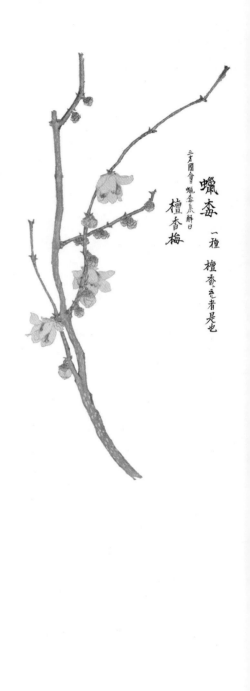

蠟梅　一種　檀香元者是也
三万圖會曰蠟盒廉醉曰
檀香梅

救荒本草曰
樓子葱
ヒゲソ子ヂ
ヤグラ子ギ
カルワサ子ヂ
三萱葱
赤羽牧橋

34

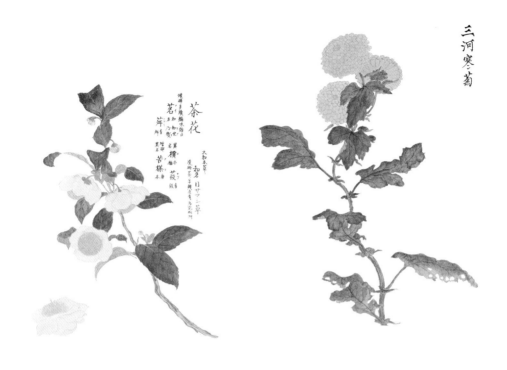

三河寒菊

茶花

茗

苦槠

大和本草

名日サマニ草

覆盆子

冬海石榴

乙女

初冬十日　寫

自右上角起：

野菊（三河寒菊）

茶花

山茶花（冬海石榴）

插田泡（覆盆子、德利莓）

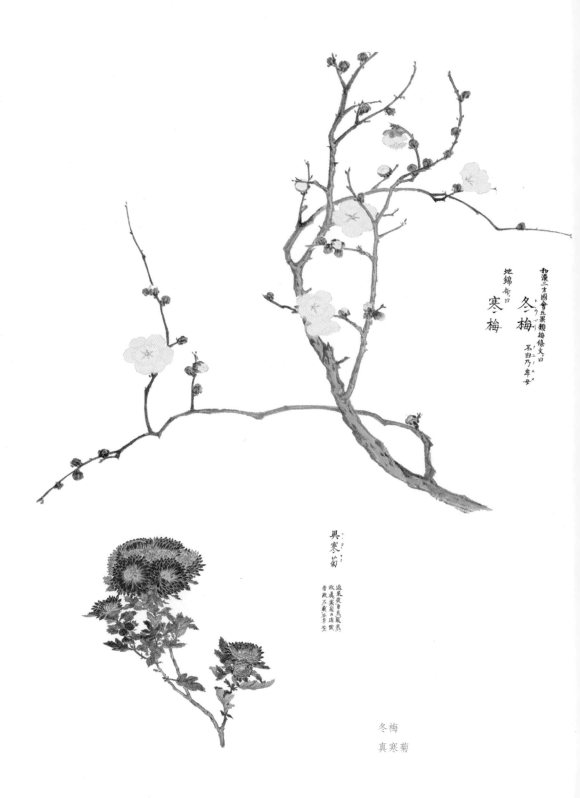

《草木实谱》

毛利梅园·著　手稿本　一册

　　水果蔬菜等植物果实的彩图，共收录了一百五十五幅图。卷末描绘了约三十种海藻。图旁均有汉名、和名，并有形态、味道等方面的解说。原封面贴有一纸片，载有伊藤圭介（1803—1901，幕末明治的植物学家）的识语，题签则为"写真斋实谱"。

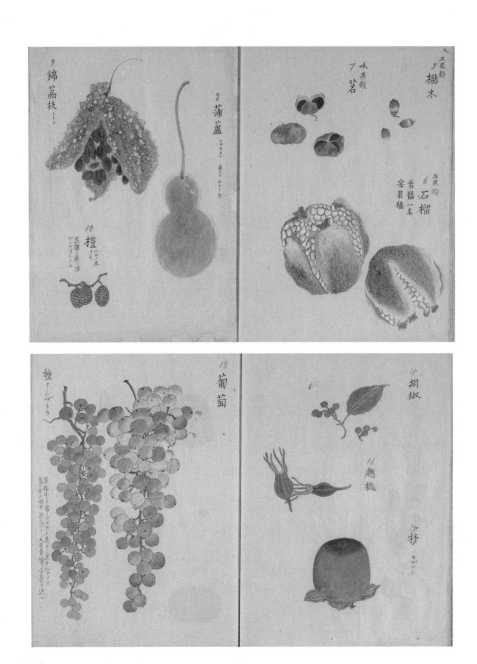

自右上角，自上到下：

栎树、石榴、茶树（茗）、葫芦、锦荔枝（苦瓜）、桤木、胡椒、越桃（栀子）、柿子、葡萄

自右上角，自上到下：

金橘、蜜橘、牛奶柑、金柑、包橘（柑）、回青橙（苦橙）、唐金橘、

柚子、朱栾（文旦）、候橘、李子、巴旦杏、梅

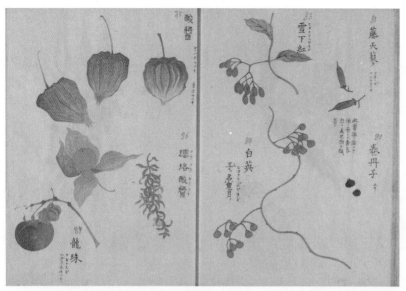

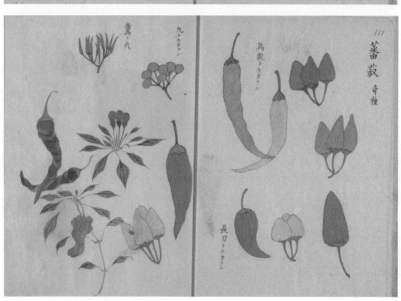

自右上角，自上至下：
葛枣猕猴桃（藤天蓼）、卷丹、白英（雪下红、鸭上户）、
酸浆、璎珞酸浆、龙珠、番椒

石榴

自右上角起：

苹果（林檎）、胡桃、枇杷、梅、果子梅、桃、油桃、秋桃、油桃

《虾夷①草木图》
小林源之助·原画　写本

宽政四年（*1792*）

　　宽政四年（1792）前往虾夷地——包括桦太岛②——探险的幕臣小林源之助的五十八品写生图被收录。原本是小林源之助所画，本资料是幕医栗本丹洲（1856—1834）的转抄本。墨色文字为小林的记载，红色为丹洲的注释，文章为幕医坂丹邱所写。这是（日本）有关虾夷植物的第一部图谱。

---

① 虾夷：北海道的古称。
② 桦太岛："二战"时期日本的殖民地，后改为日本内地，即库页岛南部。

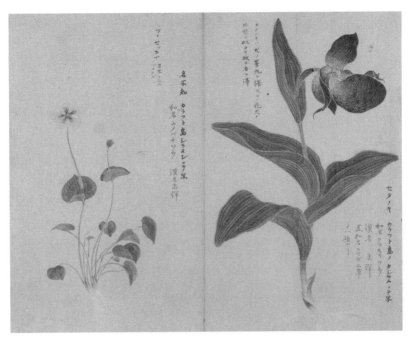

大花杓兰（敦盛草）　梅花草

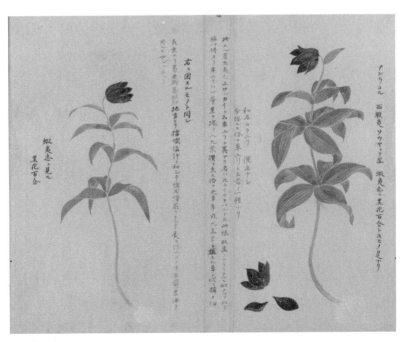

黑花百合

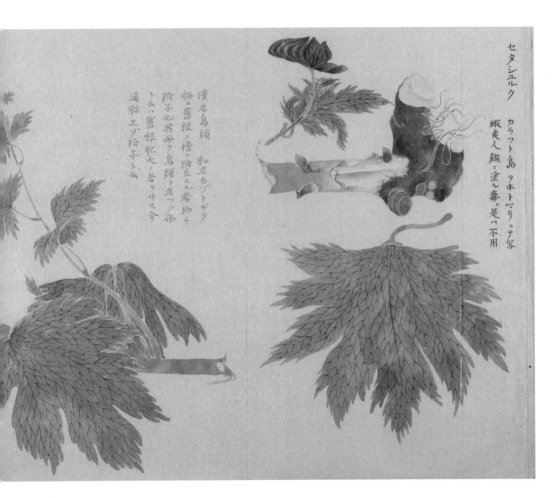

セタ、シユルク

カラフト島ヲホトマリニテ写

蝦夷人鏃ニ塗ル毒ニ是ハ不用

漢名烏頭　和名カブトギク

据ニ舊根ノ傍ニ附生スル者即千

附子必其母ヲ烏頭ト名ツ毎

ト云ハ舊根肥大ナ者ヲサス今

遥称エブ附子トヰ

乌头（兜菊）

《琉球^①产物志》
田村蓝水·著　亲笔手稿

　　江户时代琉球和萨南诸岛的物产通过萨摩藩不断流入，江户中期后相关物产信息开始以图谱的形式流传。本书为其中之一，共收录了七百二十品植物。田村蓝水（1718—1776）是江户中期的本草学者，师从阿部将翁，参与诸国采药和草药栽培，受幕命而谋划朝鲜人参国产化，致力于人参种子栽培并成功移植各地。

自右上角起[①]：

朱砂根（念佛草）

桔梗（八重桔梗）

草豆蔻（唐饼果子）

① 原书图像对应图名有误，参考《琉球产
物志》改正。——译者注

自右上角起：

郁金（屋麻宇歧车）

仙人指甲兰（护兰）

仙人指甲兰（西表兰）

？（岩萱草）

冬菊（万岁菊）

冬菊（寒菊）

自上起：
杜若（缩砂草）
白头翁（赤熊草）

《八翁草》
不老亭 · 编

嘉永二年（1949）刊

　　白头翁以花色和花瓣易变异著称，其因鲜明的特点而成为观赏对象。本书收录八品彩色印刷画，可见"筑岩翁"、"钓溪翁"、"感麟翁"、"卜年翁"等花铭。花铭右下角有花的特征。花柱密生羽毛状的毛，类似老人的白发，和名翁草"オキナグサ"由此而来。

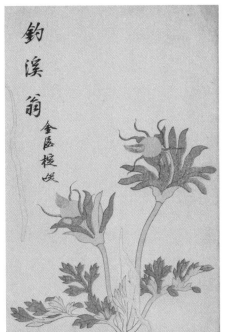

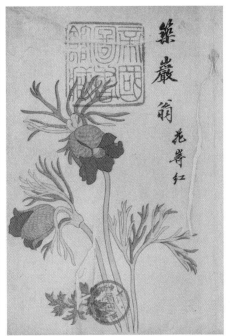

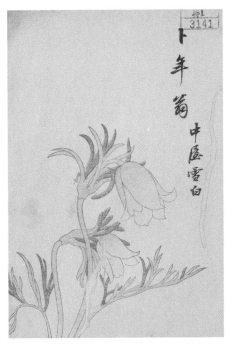

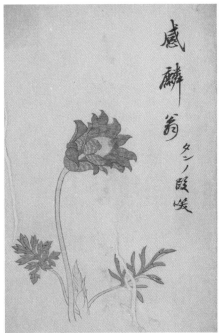

自右上角起：
筑岩翁、钓溪翁、感麟翁、卜年翁

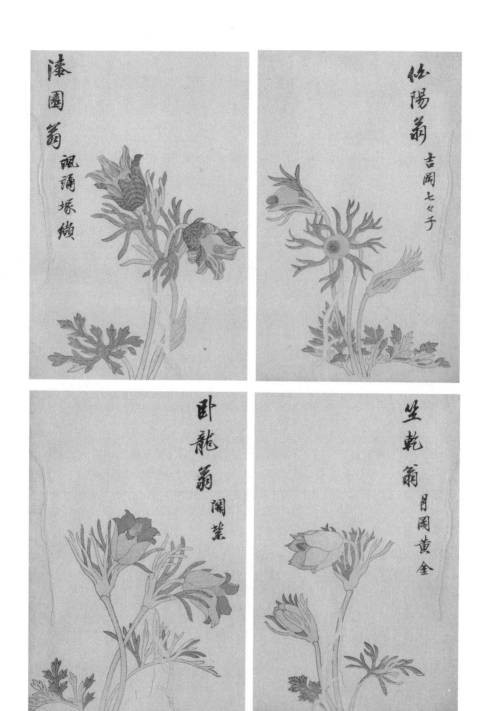

自右上角起：

仙阳翁、漆园翁、笠乾翁、卧龙翁

《七福神草》

群芳园弥三郎·等画　写本

嘉永元年（1848）

　　福寿草由于被赋予福寿（幸福和长寿）的含义，自江户初期开始便作为正月装饰的混栽和盆景登台亮相。自本书出版的嘉永元年以来奇品日增，幕末的《本草要正》（1862）一共记录了一百三十一种。作者群芳园弥三郎、栽花园长太郎（1804—1883）、帆分亭六三郎三位作者都是江户有名的花户（植木屋）。

自右上角起：

大黑天、惠美须、寿老人、辩财天、布袋、毗沙门、福禄寿

54

《浴恩春秋两园　樱花谱》
松平定信·编　谷文晁·原画

文政五年（1822）

明治十七年（1884）狩野良信·仿画

　　松平定信（江户后期大名，1758—1829）令谷文晁（江户后期南派画家，1763—1840）描绘筑地灵严岛（现东京都中央区筑地市场附近）别墅所栽的一百二十四品樱花而成的图谱，此为仿本。

自右起：
芍药樱、右为樱、时雨亭樱、山隐樱、凤来樱、
岩石樱、药园王樱、普贤堂樱、都樱

绢樱

自右上角起，自上往下：

伊势不断樱、吉野奥山樱、早樱、白川小峰樱、多武峰樱、丁子樱、
车久樱、奈良樱、三井樱

《朝颜三十六花选》

万花园主人·撰　服部雪斋·画

嘉永七年（1854）跋

　　牵牛（朝颜）在文化文政年间（1804—1830）、嘉永安政年间
（1848—1860）极为流行，以花瓣的珍奇而著称。该资料为嘉永年
间开始第二次流行的产物，描绘了当时作为主角的各类具有奇特形
态花叶的"变化朝颜"。其中有的花形与一般牵牛迥异，有的开出
黄花。作者万花园主人是幕臣横山正名（1833—1908）的号，图来
自服部雪斋（1807—？）。共收录三十六品可谓最佳牵牛图谱。

松溪堂

難船ハ八手風新テラン
笘茶棠小豆色藏ヒ切一
菲金牡丹度咲

自右上角起：

杏叶馆、丑花园、松溪堂、叶柳园、野牛园、北梅户

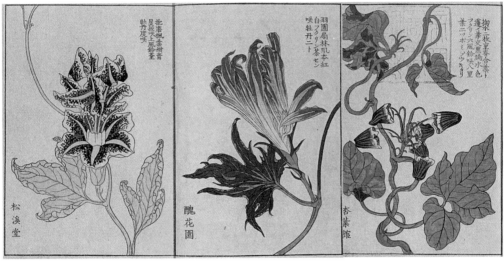

物染二秋里芽合葉色
蓮ノ菜女里藏水色
スクリ六扇鈴咲六里
莖二ワボミノツキガ

羽團扇林凧本紅
白フクリン茶セン
咲牡丹二ト

扚惠楓葉樹青
星菱水上鳳鈴葺
牡丹度咲。

松溪堂

醜花園

杏葉窪

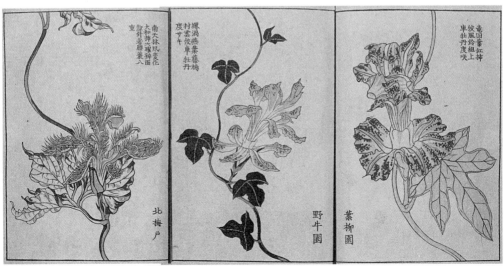

竜田葉紅抽
絞風鈴組上
車牡丹度咲

堺渦燕葉藁鳩
村雲牧單牡丹
度サキ

南天狄凧変化
大和撫六瓣抻面
重付若腰藁八

北梅戸

野牛園

葉柳園

59

《百合谱》
坂本浩然·著　亲笔

　　描绘了三十品百合类植物，每品有花名、花之图、鳞茎图和注释。作者坂本浩然（1800—1853）是纪伊藩①藩医，而以画家之名传世。浩然的主要作品中，《菌谱》、《菌谱二集》、《踯躅谱》、《牡丹花谱》、《竹谱真写》、《琉球草花图说》、《琉球草木写生》皆有亲笔手稿。

---

① 纪伊藩：是江户时代的一个藩，又称纪州藩、和歌山藩。——编者注

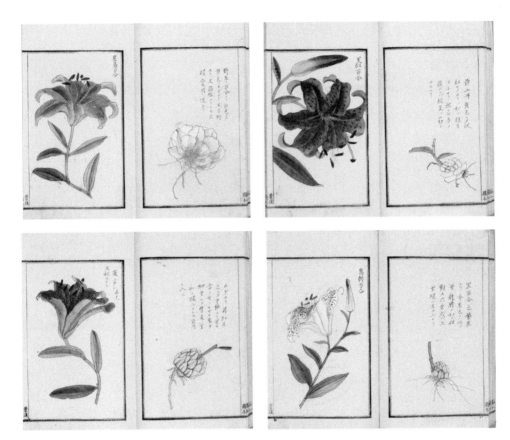

自右上角起：

黄山丹、黑红百合、野生百合、丰岛百合、

黑百合、为朝百合、菅百合、夏透百合

菅百合

自右上角起：

百合、卷丹、卷丹、白黄百合、

京百合、唐百合、花色紫赤、筋百合、

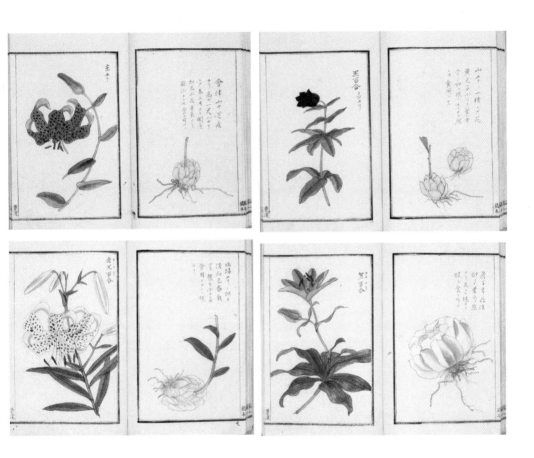

自右上角起：
山百合、黑百合、会津山中产、京百合、
鹿子百合、笠百合、琉球百合、鹿儿百合

《画菊》
润甫周玉·原画

元禄四年（*1692*）

　　日本描绘菊花的图谱中堪称先驱的作品。根据序跋，在永正十六年（1519）所绘百品图和花铭基础上，新增七言绝句而于元禄四年刊行。作者润甫周玉（1504—1549）是战国时代临济宗僧侣，建仁寺二百八十二世住持。该资料全部都是手工上彩。

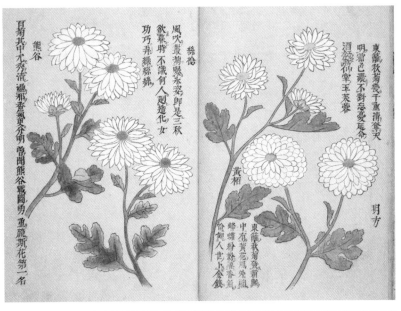

東籬秋菊愛千重　滿簇天
明霜色飛不對忌愛延命
酒孫孫得堂玉芙蓉

明方

東籬秋菊發新鮮
中有黃花凰紫鳳
蜂蝶粉粉漢香氣
恰似人世小金錢

黃稻

風吹叢菊暖永姿　卽是三秋
欲叢時不識何人廻墜化女
功巧弄絲絲絲

絲捻

耳菊其中尤秀流　遍邪蚕蚕更分明　鳴開熊谷戰圖勇　重露斯花第一名

熊谷

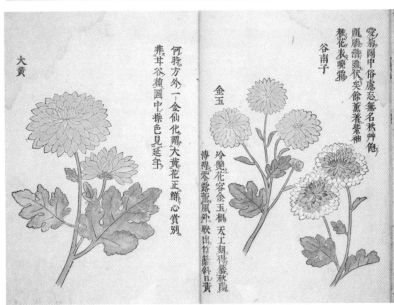

覺菊閑中俗應忘　無名秋艸飽
甌麟瀋灘伏矣　餘薰著紫袖
耕花表曉霜

谷南子

冷艷花容金玉楊　天工刻得蔡秋院
薄霧瑩露蒼鳳外　聯出竹蓠斜日黃

金玉

何時方外一金仙化爾大黃花正鮮心賞別
非其谷稙圖中搽色見延年

大黃

自右上角起：
明方、黄稻、丝捻、熊谷、谷南子、金玉、大黄

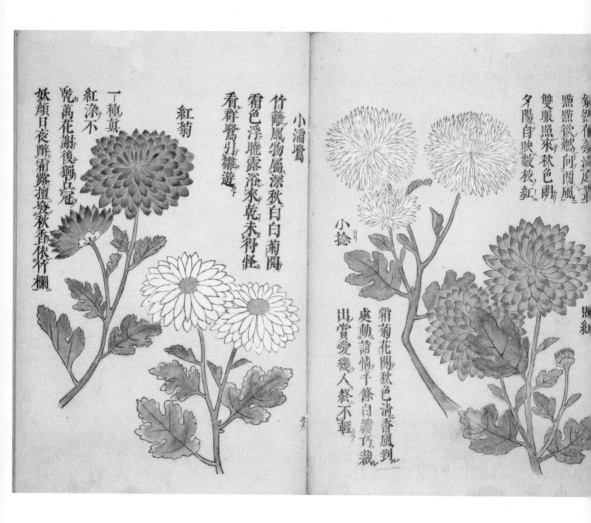

菊然花香滿庭葉
點點欲燃向西風
雙眼照來秋色助
夕陽自映敷枝紅

別紅

小捻

霜菊花開秋色清香風到
處動詩情千條自總巧裁
出賞愛幾人終不輕

小濡鷺

竹籬風物屬深秋自白菊開
霜色浮曉露浴來乾未得怪
看群鷺引雛遊

紅菊

一種真
紅染不
乾萬花謝後獨占冠
妖顏日夜醮霜露擅發秋香依竹欄

自右起：
照红、小捻、小濡鷺、红菊

66

《小万年青一览》

水野忠晓·编　关根云停·画

天保三年（1832）

　　万年青大约在元禄（17世纪90年代）时期开始作为园艺品种出现，由于爆发式大流行而价格奇高，以至嘉永五年（1852）颁布了禁止买卖的命令。文政年间（1818—1829）流行的是被称为小万年青的小型品种，其中叶型和叶斑变异的品种尤其受到欢迎。本资料是天保三年（1832）于江户藏前八幡神社召开小万年青展示会时所刊行的印刷品，各帖描绘十五品。精美的花盆也是看点之一，在当时花盆已经成为重要的观赏对象。

68

鸟类图谱

《百鸟图》

增山雪斋·画　亲笔　十二轴

江户时代后期（1800）

　　十二轴图谱中，除去重复和草稿部分，以现在分类而言共收录了一百二十种鸟类。雪斋是具有一流画家水准的伊势长岛藩第五代藩主增山正贤（1754—1819）的号。他既是沈南苹派花鸟画家，也是本草画家。其旁及围棋、茶道等艺术领域，作为文人大名①备受尊敬。

---

① 大名：日本古时封建领主的称呼。——编者注

自右上角起：

灰鹀鸰（黄鹀鸰）、暗绿绣眼鸟（目白鸟）、白腹蓝鹟（琉璃鸟）、鹪鹩（巧妇鸟）

上图　自右上角起：
歌鸲、黄喉鹀（深山颊白鸟）、红岩鹨、黄尾鸲

红鸲雄

红鸲雌
山

白腰朱顶雀（红鸲）

山雀 未详 正字

杂色山雀

自右上角起：

蒙古沙鸻（千鸟类）、岛味凫（白眉鸭）、轻凫（斑嘴鸭）、青鸠（红翅膀鸠、尺八鸠）

此鸟鷸属也俗呼为千鸟肴
城东海滨渔者襲網而獲焉韻之千鳥
丁鳥

十二月十日寫生
軽鳧

五月廿日寫生
鷩雛

六月廿三日寫生
此鳩鳩中最小者近歃
唐山人持没者是也名
長啸鳩以其鳴和長啸
也

雄

雌

自右上角起：
大滨鷸（尾羽鷸）
斑嘴鸭（鷩 幼鸟）
斑嘴鸭（轻鳧）
斑姬地鸠（长啸鸠）

《百鹆鹆之图》（八哥的模样与姿态）

翠鸟（翡翠）

ラウサンバク
ワカトリ也

本草纲目石燕集湖石燕在乳六石洞中者
今月乘之谋食館月土百活滿時珍日此乘石部
之石燕此五
本邦志有一種之燕在日光山其他深山於岩洞
中盖比燕乎蜀掌館之藥品會集乎之
可見物乞多喜坐了蜀文

二月廿三日蜀生
火雞鶴禽
長五尺自首至足
樽三尺自賀至尾
武曰此島火雞之
雄然雛子本許之

自上往下：
白喉针尾雨燕（石燕）
红隼（若鸟、长元坊）
南方鹤鸵（食火鸡）

83

《奇鸟生写图》
河野通明等·画　写本　一轴

文化四年（1807）

　　本图谱记有"滨町藏本拜借写之"等字句，应当是河野通明等绘师临摹了滨町狩野家的藏品而成的仿品。河野通明经历不详，当是狩野派的画家。图谱包括外国产十二种共四十九种鸟类，描绘极为精巧，可谓江户时代鸟类写生图中的第一等作品。

上段自右起：　中段自右起：　　　　下段自右起：
红嘴蓝鹊　　　三宝鸟（青燕）　　　白山雷鸟
珠颈斑鸠　　　雪鹀（黄梅鸟）　　　立山雷鸟
红耳鹎　　　　棕三趾鹑（南京鹑）
白头鹎　　　　雷鸟
紫水鸡

自右起：

信天翁、普通秋沙鸭（雄）、普通秋沙鸭（川秋沙）、红胸秋沙鸭（海秋沙）、
鹊鸭（颊白鸭）、黑喉潜鸟（大波武）、凤头䴙䴘（冠鸬冬羽）

ダイナシカモメ

ナベカン

名不知

安永九年庚子八月三日
松平壹岐守様ヨリ来ル

上段自右起
鹤水鸡（董鸡）
白额雁（真雁）
信天翁（阿呆鸟、冲大夫）

信天翁　冲夫
常川老筆

南京鳩
カ

此鳥年号不知

安永六年丁酉十一月
詫摩郡之内重富村ニ
福原利七捕申候

斑鳩（南京鳩）

《水谷禽谱》

水谷丰文·编　写本

文化七年（1810）左右

　　水谷丰文（1779—1833）是江户后期本草家，作为尾张本草学的指导者，十分重视博物学观察。丰文年轻时在名古屋学医，后前往京都跟随小野兰山学习。不仅随小野兰山钻研本草学，还在名古屋首位兰方医①野村立荣门下接受兰学启蒙。该图谱为《水谷禽谱》写本，共描绘了五百一十四幅图的鸟类，并有解说。图由数名画家所绘，巧拙各有不同。虽然色彩鲜艳，但鸟的形态十分类型化，很遗憾未能描绘出其特征。

---

① 兰方医：16世纪，西洋医学从荷兰传入日本，被称为南蛮医学或红毛医学，也称"兰方"或者"洋方"，而从中国来的东方医学就被称为皇汉医学或汉医学，也称"汉方"。汉方医在江户时代是主流，而兰方医则是日本近代医学的前身。——译者注

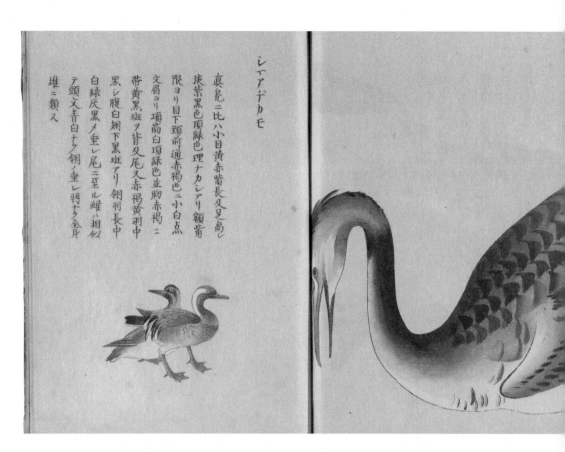

レヤアデカモ

真鳬ニ比ハ小目黄赤嘴長又足ニ高シ
淡紫黒色頂緑色理ナカレアリ額嘴
限ヨリ目下頚前ニ通赤褐色ニ小白点
文眉ヨリ項前白頂緑色並胸赤褐ニ
帯黄黒斑ヲ背又尾又赤褐黄羽中
黒レ腹白頬下黒斑アリ翎羽長中
白緑灰腹レ尾ニ至ル雌ハ相似
テ頭ニ文青白ナク翎ノ並レ羽ナク全身
雖ニ類ス

白眉鸟（缟味）

折衷鹦鹉（大鼻）

ダルヤイシコ
圖ヨリ上下一寸
四五分大ナリ

绯胸鹦鹉

海凫

澳津ハジロ
ピンナガハジロ
ヲトツドリ

鬢長羽白ク凡ス、カ下似脊脚トモ
灰色目黄寰白頭ヨリ胸背尾皆黒
色帯青翅ノ内ニ白緑ノ羽交リ頸
黒長毛フ重レ腹白レ

レモフリハジロトスアリ

自右起
潜鸭（澳津羽白）
凤头鸊鷉（海凫）

五色インコ
時楽鳥　酉陽雑俎

虹彩吸蜜鹦鹉（五色鹦歌、时乐鸟、五色青海鹦哥）

一種長ケン坊 官庫ノ寫未詳

红隼（长元坊）

長ケン坊

大サ兒鵖ニ似目黄嗣
上赤黒斑嘴小ニメ黒足
黄頭及背ヨリ雨ノ\
青色高羽長ク尾短\
淡黒胸腹黄褐淡褐斑
鷹ノ若毛ノ如喉白官
庫写画

チヤウケンボウ

红隼

朝鮮ツグミ
八色ツグミ

状九ツグミニ似テ尾黒還シ
テ黒狗ノ如シ目淡黄眥淡黒
足淡黄ニメ長頂赤褐色嘴根
ヨリ目ヲ貫キ項ニ廻リ黒環
アリ脊緑色嗣叉雨掩岩緑
ニメ黒白小毛ヲ交ヘ翅黒ノ半ニ白文アリ喉下白胸ヨリ包脛ヌテ淡黄共
中ニ一条ノ紅毛腹ヨリ尾筒ニ引ク薩州山川渡来又筑前嶋岐ニ
モ来ル或云深山ヨリ出ヅ木曽ニモ栖ムト云リ

自右起：

八色鶫（八色鸟）

八色鶫（朝鮮鶫、八色鶫）

94

イソツグミ

雌

イソツグミ
イソコッケイ

海邊ニアリ
青黑色

雌

蓝矶鸫（矶鸭）

黒ツグミ

コッケイ

雄

ヤシコ
猿子

雄

ヤジコ

烏灰鹈（黑鹈）
长尾雀（红猿子）
朱雀（猿子）

若鳥

アトリ

自上起:
燕雀（若鸟）
燕雀（花鸡一种）

小アトリ
オホアトリ
花雞ノ二種

自左起：
白背啄木鸟（大赤啄木鸟）
日本绿啄木鸟（绿啄木鸟、山啄木）

ハトシギ
ハヤダラ

頸黄毛一条其下黒茶
目黒 淡黒一点目郭頬
淡赤白肯濃灰胸黄腹
淡白細点嗣黄羽半又
黒分アリ其二茨黒其
二茨鴇赤翅茨黒尾茨赤
黒肯黄白点アリ又小白
文處アリ觜及足茨黒
色田レギノ大ナル者

ボトシギ
小ノカヤクリ
カヤグキ

状山シギノ如レ
全身黄赤彌黒
小項頂茨灰鮫ア
目目黄黒郭茨青彌白小毛胸黄白褐文間二アリ茶鴇
赤ト黒色ト半分ッ羽端少白キアリ嗣ッ灰色翅黄赤二
黒斑端ニ白キ々帯尾文同色翅黒々腹白腋又胸三領又三指爪黒大々
鳥ト云コノ圖ヨリ凡ミアリ色又濃シ大其レシギ大々
尖ル淡黒 鳥ト云コノ圖ヨリ凡ミアリ色又濃シ大其レシギ程アリ又觜格別曲リ照

自左起：
彩鹬（珠鹬）
丘鹬（山鹬）

《丰文禽谱》
水谷丰文·画　亲笔

文化七年（1810）左右

　　和《水谷禽谱》一样，此书出自水谷丰文之手，但是本图谱中的图画为丰文亲笔所绘。虽然只收录了三十三幅图，而图以本图谱为佳。

カチカラス
鵲

チウヒ

ミサゴ

朝鮮 ツグミ 筑前
八色鳥 薩刕
八色ツグミ

自右上角起：
白腹鹞（泽鵟）
喜鹊
朝鲜鸫
鱼鹰

ヲナガドリ

ヲホムク

シマガケス

三光烏
山鵲
俗ニヤマブミト云

ト、鳥

ヲ〻モ入

自右上角起：
紫寿带鸟（三光鸟）
椋鸟
筒鸟（中杜鹃）
星鸦
大百舌（灰伯劳）
紫寿带鸟（三光鸟山鹊）

《鸟类写生图》
牧野贞干·画　亲笔

　　牧野贞干（1787—1828）是常陆笠间藩[1]藩主，扩充了藩校时习馆、医学所博采馆，创设了药园、讲武堂等。牧野也是一位本草学爱好者和本草画家，著有《写生遗编》、《草花写生图》、《花木写生图》等。另有卷轴本鸟类写生图四卷，收录两百余种鸟类。

---

[1] 常陆笠间藩：古代日本关东最东端的东海道之国常陆国，现茨城县中部的一个城市。"藩"大约等于"国"，德川幕府给很多国改了名字，或拆成了小国，变成了藩。——编者注

自右上角起：

针尾鸭（尖尾　尾长鸭二品）

罗纹鸭（苇鸭　凫之一种）

番鸭（鹜 雌，雄）

自右上角起：

凫之种类四品

红头潜鸭（星羽白）

红头潜鸭　雌

凤头潜鸭（金黑羽白）

凤头潜鸭　雌

花脸鸭（巴鸭）

赤颈鸭雄（绯鸟鸭）

花脸鸭　雌

赤颈鸭　雌

鸳鸯（紫鸳鸯）

自右上角起：
游隼（鹘）
猫头鹰（枭鸮）
鹿子（白鹇）

自右上角起：
白琵鹭（篦鹭）
山斑鸠（雉鸠斑鸠之一种）
铜长尾雉（山鸟）

《写生遗编　鸟之类》
牧野贞干·画

天保元年（1830）左右

　　本图谱汇集了牧野贞干有关草木、菌类、虫类、鸟类的写生图，和《鸟类写生图》一道藏于笠间文库，明治五年转移至日本文部省书籍馆，明治八年移至文部省图书馆。"鸟之类"部分准确地描绘了五十九种鸟类。

自右上角起：

斑鸫、麻雀、伯劳（雌雄）、啄木鸟、白腹蓝鹟（竹林鸟　雌雄）
蓝尾鸲（琉璃鹟　雌雄）、黑头腊嘴雀、锡嘴雀（雌雄）、黄尾鸲（常
鹟　雌雄）、翠鸟（白头翁）

《水禽谱》
编者未详　写本　一轴

文政十三年（1830）左右

　　编著者不明，编著时期被认定为江户末期。本图谱中有两幅冠麻鸭的图，一只是作为朝鲜鸳鸯输入的，一只作为北海道飞来的真鸭替代品。某图旁有"堀田摄津守殿藏图，文政七年八月到来"的记载，大概是某位与堀田正敦（1755—1832）亲近的大名在文政十三年编纂的。本图谱的图画十分出色，相当准确且精美地描绘了七十六种水鸟。

自右上角起：

鸳鸯（白鸳鸯）

扇尾沙锥（田鸭）

太平洋金斑鸻（胸黑冬羽）

扇尾沙锥（真鸭）

自右起：

朝鲜鸳鸯、黑海番鸭（黑鸭）、秋沙鸭

自右起：

绿头鸭（真鸭）、红胸秋沙鸭、赤麻鸭（赤筑紫鸭）、罗纹鸭（苇鸭）

自右起：

翻石鹬（京女鹬）、长嘴半蹼鹬（嘴长鹬）、白腰杓鹬（大杓鹬）

丘鹬（山鸭）、大麻鳽（山家五位）、青脚鹬、大麻鳽

自右起：

茨鸡（鹤水鸡）、白秋沙鸭（狐秋沙）、林鹬（鹰斑鹬）、丘鹬（山鹬）

大滨鹬（尾羽鹬）、彩鹬（珠鹬）、翻石鹬（京女鹬）

《不忍禽谱》
屋代弘贤·编　写本　一帖

天保四年（1833）左右

　　本图谱盖有"不忍文库"的印章，当是文库主人幕臣国学家屋代弘贤（1758—1841）所编，收载了约四十幅图。屋代弘贤是江户后期的国学家，随塙保己一（1746—1821）学国学，从山本北山（1752—1812）学儒学，参与柴野栗山（1736—1807）的《国鉴》和塙氏的《群书类丛》编纂。作为藏书家，在上野不忍池畔设立不忍文库，据传藏书达五万册。精通有职故实（典章制度），也是本草爱好者。

上段自右起：
信天翁
角嘴海雀（善知鸟）
角嘴海雀

右上角起：
巨嘴鸟（鹤顶）
栗苇鳽（水骆驼）
绿鹭

《梅园禽谱》

毛利梅园·画　亲笔手稿　一帖

天保十年（*1840*）

　　毛利梅园（1798—1851）是江户后期博物学家。名元寿，别号攒华园、写生斋等。作为幕臣担任书院番一职，除绘有《梅园草木花谱》、《梅园介谱》之外，尚有鸟类、鱼类、菌类等精良的写生图存世。本图谱准确描绘了一百三十一种水鸟和陆鸟，并记录了写生的年月日。

陽烏
クロツル

鶴

紅鶴
ツル　又朱鷺
トウトリ

自右上角起：
丹顶鹤
白头鹤（阳鸟）
朱鹮（红鹤）

鸟类图谱

自右上角起：
啄木鸟
栗头鸦（水胡芦）
鹰
啄木鸟（若鸟）

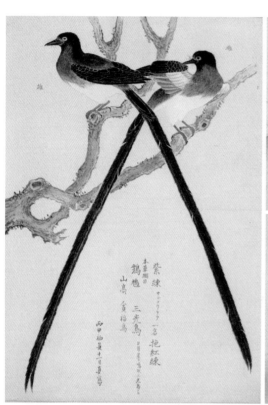

上段自右起：
黑水鸡（方目）
紫寿带鸟（紫练）
矶鹬

佛法僧鸟

三宝鸟（佛法僧）

僧ノ花ニ切ミㄑ餘鳥ヨ見ㄈ尺雀
鳥ヨ類下山二里ㄑ町ノ野ㄆ野ㄆ野宿
戸ヨ見ㄈ尺終廢扇尺人上佛法
僧ㄆ不聞佛法僧高尾山靈鳥
車卑武藏波波㇏㇏㇏㇏㇏㇏高尾山
相州多摩郡江戸ヨリ十五里

住昔高野ニ登山ㄆ時稱人鬼
納向佛法僧鳥ヨ捕稱人鬼
見之車佛鳥里大朝ㄆ巳當ㄆ月
大日銀像國經此高野ㄆ岩ㄣ嗣
山戴付提腳腿ㄆ遠ㄆ上尋ㄆ四
捕ㄆ㇏黑翔鬼切齅ㄆ什羽三
聖塞外御㇏戸雄一羽
捕ㄆㄆ佛法僧喬頭ㄆ㇏著
有ㄆ末現鳥又眼ㄆ黑ㄆ多
腹ㄆ荒然ㄆ日黃ㄆ色稱有
尾山ㄆ龍松㇏四年九月ㄆ自登山ㄆ高
別名ㄆ轉土院ノ僧ㄆ乞ㄆ此山佛法僧
鳥靈鳥在ヶ外ㄆ餘鳥ㄆ十ㄆ稱ㄣ年
。

山鸡（铜长尾雉）

野雉
高麗雉

丙申三月九日
真寫

野雉

鷽 リウ
此鳥ハ
本邦ナシ
相思仔 ウツ
湯舂園志

喉紅鳥 ノト
紅点頦 ノト

自右上角起：
野鴝（紅喉歌鴝）
紅腹灰雀（相思仔）
赤翡翠
大杜鵑（郭公）

多機婦ニ
郭公鳥 ロッコウ トリ
和名神云
布穀鳥 トリ
鳲鳩 布穀
鶻鵃 獲穀
獲穀

非翡翠
山ショウビン
水毛鳥

乙未八月六日
真寫

128

マキクドウトノー

蟻鴳

十二紅頬ニ扇志
赤連雀

額ニ立成ル
連雀

十二黄

未知
蚁鴷
小太平鸟（连雀　十二黄　十二红）

鶡鵰

自右上角起：
白腰文鸟
蓝尾鸲
八头鸟（冠鸠）
远东山雀（四十雀　白颊鸟）

緋音呼

文鳥

砂糖鳥

甲午初冬
真写

自上起：
短尾鹦鹉（砂糖鸟）
喋喋吸蜜鹦鹉（绯音呼）
禾雀（文鸟）

《锦窠禽谱》
伊藤圭介·编　写本

明治五年（1872）

　　伊藤圭介是江户后期的植物学家、兰方医。本姓西山，名舜民、清民，号锦窠。从水谷丰文学本草学，随藤林普山学兰学，还曾前往长崎师事西博尔德①。文政十二年刊行《泰西本草名疏》，首次介绍了林奈植物分类法，收录了大量江户时代博物志资料，本图谱由田中芳男根据伊藤所藏水谷丰文门下本草家所绘鸟类画编集而成。

---

① 西博尔德（1796—1866），德国内科医学，植物学家，旅行家，日本器物收藏家。

自上起:
土鸡
竹鸡（小绶鸡）
角海鹦（角目鸟）

竹鷄雄

Alca
エトヒルカ

自上起：
朱鹮
鸥之类不详
彩鹬

自右上角起：

红腹灰雀

戴胜

河乌

虎斑地鸠（虎鸫）
蓝矶鸫

イソヒヨドリ

イワヒヨドリ
イハク

足ヨリ
フサヤノウスレ

めろゑ

宝永七年寅於紀州
李帔摸

monticolla solitaria, Mull.

136

《外国珍禽异鸟图》

编者未详　写本　一轴

江户时代末期

　　本图谱为仿写本，原本应是长崎绘师所画于长崎输入的外国鸟类而留下的记录。共有三十四种鸟类，包含天明七年（1787）输入的两种，其余是文化九年（1812）到天保三年（1832）之间输入的。图谱以年代排序，鸟类的输入年份，乘坐船号，中国船还是荷兰船等均有详细记录。

自右上角起：

冠鸠、斑犀鸟（弁柄鹭）、折衷鹦鹉（大紫音呼）、吸蜜鹦鹉（猩猩音呼）

虹彩吸蜜鹦鹉（青海音呼）、深红玫瑰鹦鹉（五色红音呼）、绿翅金鸠（锦鸠）、凤头鹦鹉（小巴旦）、斑文鸟（缟金腹）

黑枕黄鹂（黄鸟高丽莺）、仙八色鸫（翠花鸟）、鹊鸲（四祝鸟、四季鸟）、红蓝吸蜜鹦鹉（红音呼）

黑翅吸蜜鹦鹉（小形非同类红音呼）、红蓝吸蜜鹦鹉、紫颈吸蜜鹦鹉、珠鸡（雌）、珠鸡（雄）

《萨摩鸟谱图卷》
编者未详　写本　一轴

明治时代末期

　　作者不明，也许是萨摩藩主岛津重豪（1745—1833）所绘图谱。以巧妙的笔法描绘了九十七种鸟类，其中极乐鸟、犀鸟等外国鸟也不少。卷首有伊藤笃（1866—1841）和十四年（1939）十一月十二日的识语和目录。根据识语，本卷图谱是其祖父伊藤圭介的珍爱之书。题签是《萨摩禽兽图卷》。

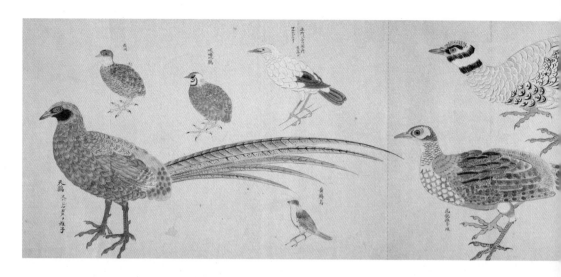

上段自右上角起：
小极乐鸟（凤鸟）、叫天子、长尾雉（尾长雉）、黑翅椋鸟（黄头鸟）
蓝胸鹟（咬留吧鹟）、铜长尾雉（天鸡）

中段自右上角起：
红嘴椋鸟、紫水鸡（青鸡、南海鸡）、喜鹊、粉红腹岭雀、雨燕（一足鸟）
雉、蛎鹬（都鸟）、树鹨（便追、柿云雀）、交嘴雀（鸣交喙）

下段自右上角起：
岩雷鸟、短趾百灵（百伶鸟）、黑林鸽（牛鸠）、夜鹰（怪鸱）
芦鹀（大寿林）、南方鹤鸵（鸵鸟）、大杜鹃（郭公）、紫背椋鸟（小椋鸟）

《外国珍禽异鸟图》

编者未详　写本　一轴

江户时代末期

　　珍禽奇兽由长崎输入时，代官高木家令御用绘师描写其形态，并向幕府询问是否需要将这些动物送往江户。本卷本正是对当时这些记录的仿画，共有图版三十九点（鸟类三十四幅、兽类五幅）。以"ロイアールト"（Luiaard）之名出现的正是生活于东南亚的原始猿类懒猴，天保四年（1833）由荷兰商船带来。其他绘画还有爪哇鹿、果子狸、马来八色鸫、珍珠鸡等。

自右起：

豪猪（山岚）

懒猴

獾

自右起：
鼷鹿（小形鹿）
果子狸（白鼻芯）

海象

豪猪

《写生物类品图》

编者未详　服部雪斋等·画　写本　一轴

　　本书包括了动植物珍品二十四幅图，至少有八幅出自幕末博物画家服部雪斋之手。其中绘有当时甚为罕见的"海象"，它于万延元年（1860）漂流到北海道龟田半岛的川汲村。图谱中还收录了皇带鱼（龙宫使者）、骆驼等珍奇动植物，大半临摹自《栗氏鱼谱》等。

乌叶猴、印度象

文久二年（1862）来到日本，第二年作为珍奇品展出。自文政四年（1821）来日后而流行一时的均属单峰
骆驼，这是双峰骆驼首次来日。

享保十四年廣南國象貢
四月廿八日召于内裏
叡覧次召于院

牡象 七歳
頭長 二尺七寸
鼻長 三尺三寸
背高 五尺七寸
胴圍 一丈
長 七尺四寸
尾長 三尺三寸

《（享保十四年渡来）象之图》
将军吉宗订购的雌雄小象，从越南送到长崎。雌象不久便去世，雄象前往江户途中，绘于京都。

《虫谱图说》

饭室昌栩·著　写本

安政三年（1856）序

　　日本首部对虫类进行系统分类的虫谱。分类体系仿照《本草纲目》，包括卵生、化生、湿性虫类、鳞虫类，从昆虫到两栖类、爬行类共收录了九百种以上，与栗本丹洲的《千虫谱》齐名。饭室昌栩（1789—1859？），通称庄左卫门，号乐圃、千草堂。另有《梅花图谱》、《莲图谱》等植物类作品。

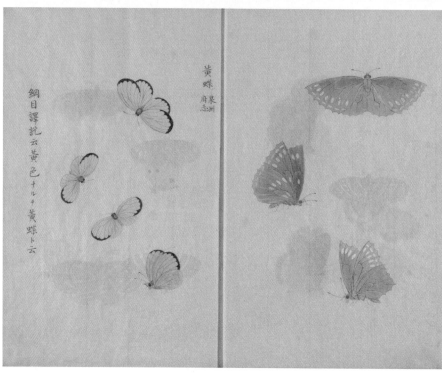

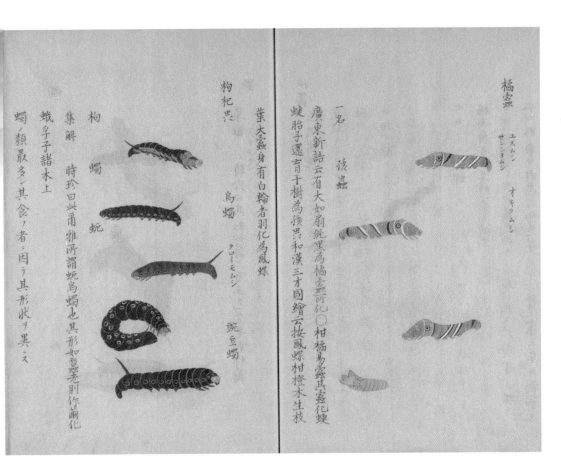

橘蠹
エスムシ
サンシヨムシ
オキウムシ

一名 㯶蠹

廣東新語云有大如屑純黑爲橘蠹所化○柑橘易蠹其蠹化蝶
蝶胎子還青十樹爲橘蠹和漢三才圖繪云按鳳蝶柑橙木生枝

葉大蠶身有白輪者羽化爲鳳蝶

枸杞蟲

枸蜀蚖

烏蜀 クローモムシ

豌豆蜀

蛾子子諸木上

集解 時珍曰此甫雅所謂蚖烏蜀也其形如蠶蠶則作蛹化

蜀ノ類最多シ其食フ者ニ因テ其形状ヲ異ニス

蛾幼虫

左页自上起：
蛾（小凤凰蛾之一种）
蛾
黄蝶

自右起：
橘蠹（麝凤蝶幼虫）
蛾幼虫

柑蝶
三才
圖繪

ヤマヂヨフロウ

一名

鬼車

鬼蛺蝶

鬼蝶
事物
紺珠

鬼
蛺
蝶

黃アゲハ

アゲハノテウ

大黑蝶一種

ノロアゲハ

自右上角起：
蓝凤蝶（柑蝶）
金凤蝶（鬼蝶）
凤蝶科一种
金凤蝶（不确定）

オ、ヤマトンボ

絳繝　猩、トンボ

車ヤンマ

羽黒トンボ

自右上角起：
猩红蜻蜓（猩猩蜻蛉）
无霸钩蜓（鬼蜻蜓）
晏蜓科一种
丽翅蜻

ヲニヤマトンボ

蜻蛉目一种
丽翅蜻

紺蜻　クロトンボ

崔豹古今註云大而玄紺者遼海名紺蜻六曰天雞
夏至ヨリ處暑ニ至ルマテ多ク出ツ形ケ蝶蜻ニ似テ尾全
黑クシテ身翅モ六大ナリ

大ムキワラトンボ

此ノ蜻蛉ノ異品初夏水上ニ来リ尾ヲ水面ニ侵シ卵
ヲ水中ニ生ズルコト六蜻蛉ノ如シ小ムキワラトンボヨリ

縉紺　クロトンボ　ヲヽクロトンボ

ト甚遊シ角アリ俗ニカ゛ゲロウトンボト云

廣東新語云海間有飛蟲如蜻蛉名蟠紺七月君羊飛闇天
淺水陰隈ノ地ニ生ス夏秋ノ間翠碧又深黑色ニシテ光
リ　アリ其翅イカニモ力ラナク疲労ノ状アレバ俗ニ幽

齋トンボト名ク

ヤンマ女湯
ショウヤクトンボ

自右上角起：
黑色螁（羽黑蜻蛉）
蒼灰蜻（大盐辛蜻蛉）
黑色螁（羽黑蜻蛉）
薄翅蜻蜓（薄羽黄蜻蛉）

自右上角起：
独角仙（甲虫）
深山锹甲（深山锹形）
前锹甲
锹甲？

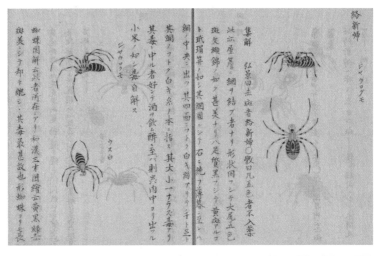

络新婦　ジヤクロクモ

集解
弘景曰赤斑者絡新婦○數日ニ五色者不入藥
此流屋簷ニ網ヲ結ブ者ナリ形狀同フシテ大尾五色
斑支綿錦ノ如ク甚美ナリ八足質黑フシテ黃斑アリ
ト玳瑁蒜ノ如シ其網圓ニシテ石ニ施フ薄碁ニ盃ト
細ノ中央ニ出ツ其四面フトク白キ絲ノ本ニ指ス其大小一ナラズ毒アリ
其毒ノ中ル者好シテ酒ヲ欲シ酔ニ至ハ則其肉中ヨリ出ル
蜘蛛圖解ニ云其書所在ニアリ和漢三才圖繪云黃黑斑
小米ノ如シ毒自ラ解ス
　　　　　ジヤクロクモ
斑美シテ都テ醜ニ其毒最甚故也形蜘蛛ヨリ長

異常大
オンデイイーシコロゴ

クス白

一種　スクモ　ハンミヤウモ

蟲譜圖解云一ツチグモ尋常ノ蜓蟖ニシテ黑褐色ヲ無
シ○又云二蜓蟖ルイニシテ尻身ニ山形ノ白斑ア
リテ黃改黑点アリ○又云三越中富山ニ出ツチク
モノ形ニシテ黑蟖ナリ

一
二
三

鳴蜩　アブラゼミ

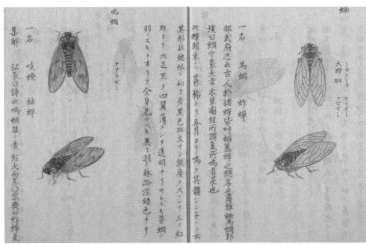

一名　吱蜻　蚱蟬
集解
弘景曰詩云鳴蜩嘒嘒青形大而黑○宗奭曰蚱蟬夏
其形狀蟪蛄ニ似テ身色黑ニ文サシ頭廣大ニシテ三ノ紅
獨リ六足黑ノ四翼薄クシテ透明ナリリサトト大蟬
羽ミスキトオリテ全身見ルベキ異ノ羽脉路深綠色ナリ

蝭　一名馬蜩　蚱蟬
大蚪蟬　ニイニイゼミ

塙日�|蜩中|黒|大|者|木|草|圖|經|所|謂|夏|鳴|者|是|也
共蟬鳴東ニ甚稀ナリ五月ヨリ鳴ク其顔シテ云ニ云

《千虫谱》

栗本丹洲·著　服部雪斋·画

文化八年（1811）序

　　赫赫有名的日本最早的虫类图谱，图像准确而科学，有评论者认为这足以表明江户时代的博物学已经开始发展为动物学了。此图谱不仅包括昆虫，还包括当时被视为"虫"的海星、海参、海蜇、蜗牛等，不同写本有差异，收录数量达到五百余种。图谱有大量新旧不同的写本，绘画巧拙相差明显。本图谱为服部雪斋所绘，应当较好地传达了原本的意趣。

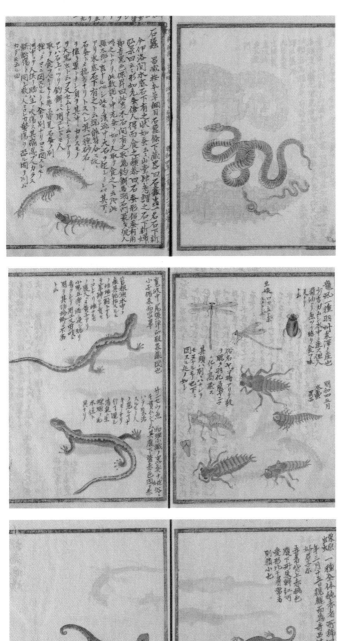

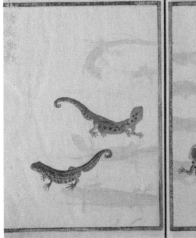

自右上角起：

石蛾（石蚕、飞蟧蛄）

水龟虫（龙虱、牙虫）

豆娘

鲵（山椒鱼）

蝾螈（井守）

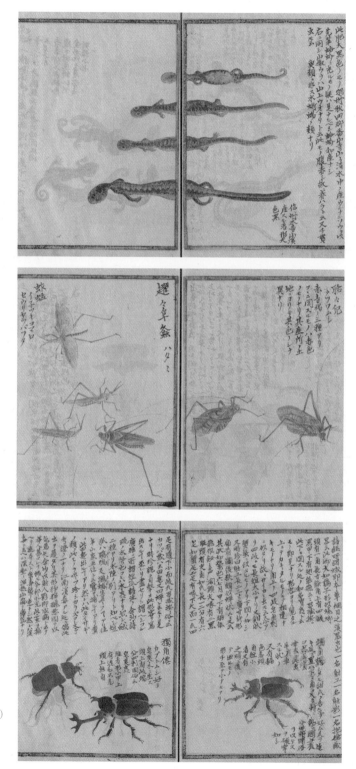

鲵
日本纺织娘（聒聒儿、蝑虫）
中华蚱蜢
独角仙

虱（显微镜所见图）

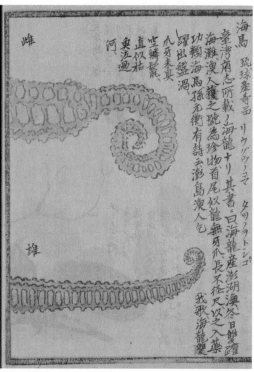

海馬　琉球産奇品　リウ（キュ）ウノコマ　タツノオトシゴ

臺灣府志所載ノ海龍ナリ其書ニ曰海龍産澎湖澳冬月雙躍
海灘澳人籠之號爲珍物首尾似龍無牙爪長不徃尺以之入藥
功類海馬孫元衡有詩云澎島澳人乞

雌

雄

河

空鱗髠龍
直似祐
奥沽逈
爪牙未具
躍出盤渦

我歌海龍曍

海马

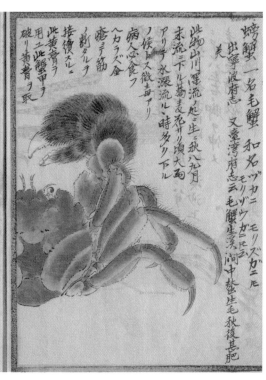

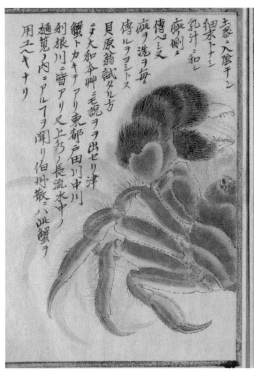

蟛蜞 一名毛蟹 和名ツガニ モリヅガニニ
モリヅカニニ云
出寧波府志 又章湾府志云毛蟹生渓澗中螯生毛秋後甚肥
美

此物山川渓流ノ処ニ生ス秋八九月
末流ニ下ル葢麦名サリ頃大雨
アリテ水漲流ル時多ク下ル
ノ候トス微ヽ毎アリ
病人必食フ
ヘカラズ金
瘡ニ筋
ヲ新タルヲ
接續スルニ
此黄青ヲ
用ニ此蟹甲ヲ
破リ黄青ヲ取

士容ニ八筥干ン
細末トナシ
乳汁ニ和シ
痲痺ニ
傳心シ文
瘀ヲ洗ヲ毎
傳ルヲヨシトス
貝原翁試ミタルス
蟹トカキテ二大和本艸三毛ノ兊ヲ出セリ津
刈根川ニ皆アリ又東都戸田川中川
邇覧ノ内ニアルヲ聞リ伯州敬ニ此蟹ヲ
用エヘキナリ

日本绒螯蟹（藻屑蟹）

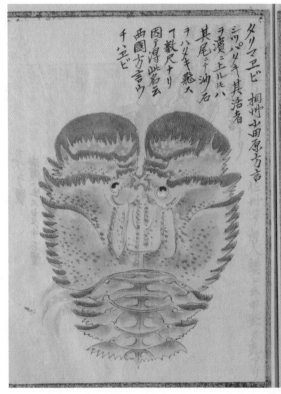

タリマヱビ 相州小田原方言

シッパリキ 其活者
ヲ漬ニ上ルル石ハ
其尾ニテ沙石
ヲハメキ飛入
丁數尺ナリ
因テ得此名云
西國方言ウ
千立ヱビ

マンヂウガニ

九州産ナリ凶
東ニ絶テナキモ
ノナリ其脚ハ
サミ拑ガメ
テ兔タルモノ
ハ甲上ヨリハ
ミヘズ平ツメ
マシチウノ如
シ因テ名ツト
云

扇虾（団扇海老）　　　　　　愛洁蟹（饅头蟹）

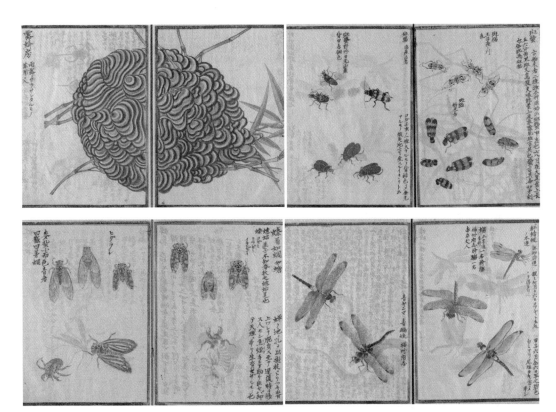

自右上角起：

虎甲（斑蝥、王子瀑布产）

虎甲（斑蝥、舶来者）

虎甲（斑蝥、倭产活者）

胡蜂蜂巢

红蜻蜓

长痣绿蜓

蝉

蟪蛄

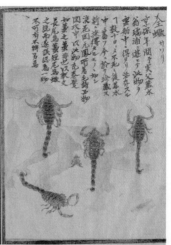

自右上角起：

蝎子

沼虾（手长虾）

日本蟳（石蟹）

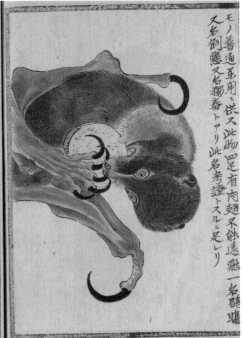

モノ普通ニ革用ニ供ス此物ニ足有肉翅不能遠飛一名鸓鼠
又名倒懸又名獨春トアリ此名考證トスルニ足レリ

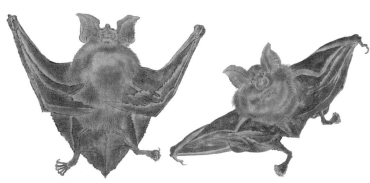

狐蝠（大蝙蝠，虽然丹洲写成了八重山蝙蝠，琉球列岛所产为琉球狐蝠）

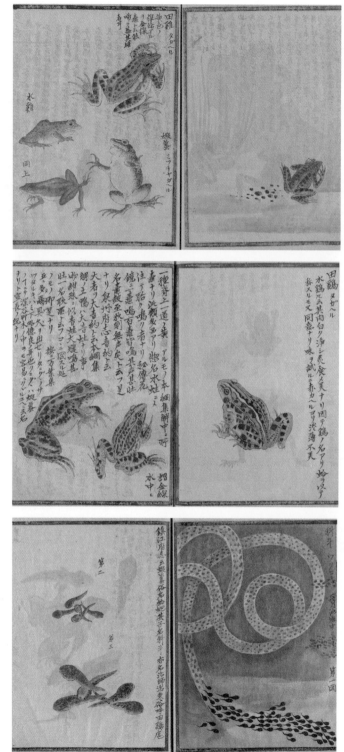

自上起：
側褶蛙（田鸡）
水鸡
蟾蜍
蝌蚪

河童（水虎）

《肘下选蠕》

森春溪・画

文政三年（*1820*）序刊

　　本图谱包含十二幅虫类写生图的木板画帖，在此前一年刊行的《春溪画谱》中，篠崎小竹（江户时代儒者，1781—1851）为每幅画附上一首汉诗。小竹在序中提到正是画帖之精美令其诗兴大发，赋诗数首，序末记有"文化庚辰（1806）七夕后一日"。在对开联页中描绘栖息于花草中的虫类，笔法精湛，远近适宜，呈现出脉脉诗意。展开画帖，仿佛有蛾蝶在翩翩起舞，美之极矣。

随植物一同描绘的虫类包括草蜢、灶马、黄蜂、蝉、蓑蛾、蝽、蜗牛、蝗虫、天牛、蝴蝶、螳螂、蜻蜓、
萤火虫及蛤蟆等，细致描绘了栖息于大自然中的约四十种动物。

鱼介类图谱

《日东鱼谱》
神田玄泉·著 写本

元文六年（1741）序

　　《日东鱼谱》是日本首部鱼介①类图谱，完成于享保十四年
（1729），此后有享保十六年、二十一年和元文六年序三种修订本，
内容各有不同。本书为元文六年（1741）序的最终修订本，共有
三百三十八品鱼介。作者是居住在江户城南的町医②，生平不详。

---

① 鱼介：泛指鱼类和有介甲的水生动物，徐珂《清稗类钞·动物·章鱼》："生于海中，
捕食鱼介，其大者能摄羊豕入水。"——编者注
② 町医：民间开业医生。——编者注

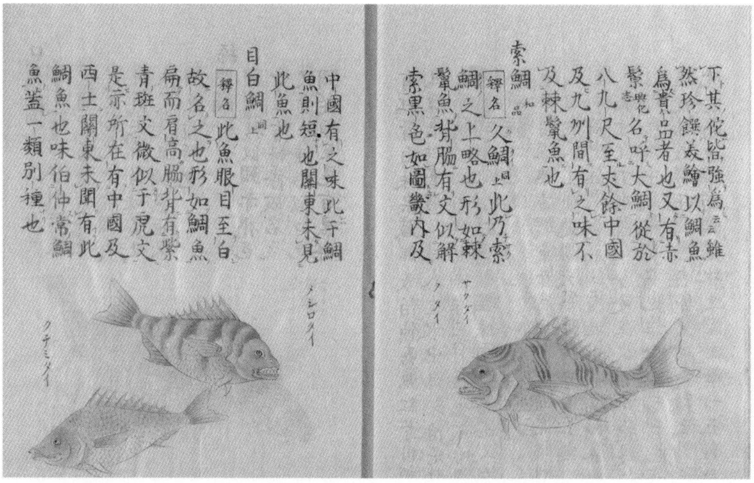
下其佗皆強爲云云雖
然珍饌羞膾以鯛魚
爲貴品者也又有赤
鬃名呼大鯛從於
八九尺至丈餘中國
及九州間有之味不
及棘鬣魚也
索鯛品如
〔釋名〕久鯛同上此乃索
鯛之上略也形如棘
鬣魚背脇有文似解
索黒色如圖鬱內及
中國有之味比于鯛
魚則短也關東未見
此魚也
目白鯛同上
〔釋名〕此魚眼目至白
故名之也形如鯛魚
扁而肩高脇背有紫
青斑文微似于虎文
是亦所在有中國及
西土關東未聞有此
鯛魚也味伯仲常鯛
魚蓋一類別種也

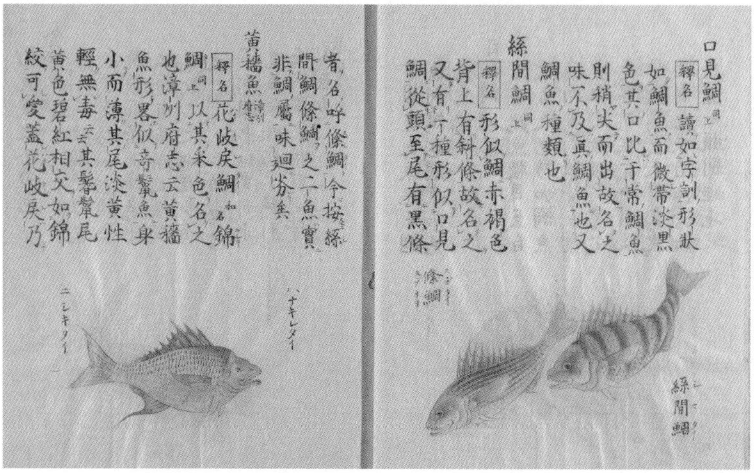
口見鯛同上
〔釋名〕讀如字訓形狀
如鯛魚而微帶淡黒
色其口比于常鯛魚
則稍尖而出故名之
味不及眞鯛魚也又
鯛魚種類也
絲間鯛同上
〔釋名〕形似鯛赤褐色
背上有斜條故名之
又有一種形似口見
鯛從頭至尾有黒條
者名呼條鯛今按絲
間鯛條鯛之二魚實
非鯛屬味迴劣矣
黄揺魚漳州府志
〔釋名〕花岐戾鯛和名錦
鯛同上以其采色名之
也漳州府志云黄揺
魚形畧似奇鬣魚身
小而薄其尾淡黄性
輕無毒云云其鬐鬣尾
黄色碧紅相交如錦
紋可愛蓋花岐戾乃

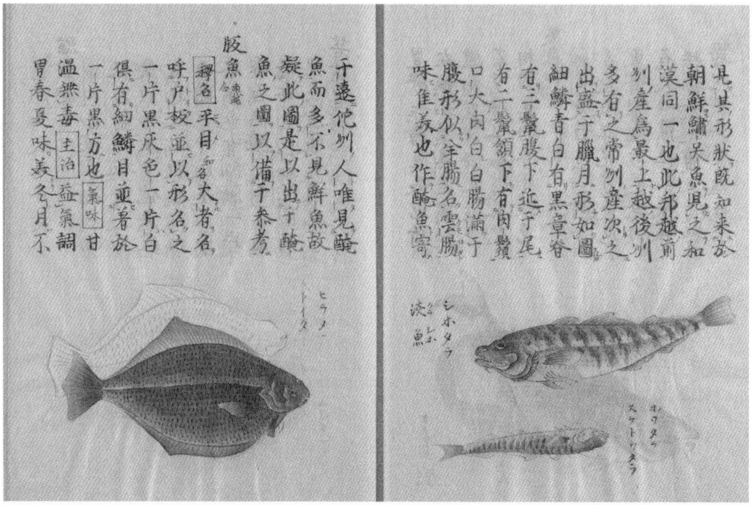
見其形狀既知來於
朝鮮鱈呉魚見之和
漢同一也此邦越前
州產爲最上越後州
多有之常州產次之
出盛于臘月形如圖
細鱗青白有黒章脊
有三鬣腹下近于尾
有二鬣頷下有肉鬚
口大肉白白腸滿于
腹形似筌腸名雲腸
味佳美也作醃魚寄
于遠佗州人唯見醃
魚而多不見鮮魚故
疑此圖是以出于醃
魚之圖以備于參考
版魚東醫寶鑑
〔釋名〕平目和名大者名
呼戶拔並以形名之
一片黒灰色一片白
俱有細鱗目並着於
一片黒方也〔氣味〕甘
溫無毒〔主治〕益氣調
胃春夏味美冬月不

自右上角起：
石鯛（索鯛）
灰裸顶鲷（目白鲷）
红鳍裸颊鲷（口见鲷）
蝴蝶鱼（丝间鲷）
花斑刺鳃鮨（条鲷）
绯小鲷（锦鲷）
鳕鱼（淡鱼）
黄线鳕鱼
牙鲆（版鱼）

鱫魚 鰛

氣味 甘平無毒 主治
補五臟 益筋骨 和膓

釋名 滇方此魚名
宋子汀在滇而形似
鱵魚故名之 時珍曰
鱵生江湖中體圓厚
而長似鱵魚腹稍起
扁頭長喙口在頷下
細鱗腹白背黄色
赤能噉魚大者二三
十行 和漢一也

吴魚 鱖

釋名 大口魚也酒
在樂和漢異是赤如
鱸鯯有河海之產況
不可謂於和漢異化
相同其○谷骨緑色
吴魚
名天口魚性平味鹹
東醫寶鑑云 吴魚俗
名義未詳北方魚也
脂先隹

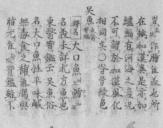

鮍魚

釋名 鱁及鯓欲並
管割胡知名 未詳細鰭
頭褐色有黑斑點肉
堅骨硬 氣味 甘溫無

魚菊短尾被上長下
短兩鬢長最色有金
色銀色者故有金山
之名 益蒸助陽西
有之 關東無之譚
主治 益蒸助陽西
土有之 關東無之譚

鯵魚

毒 主治益氣破血夫
血人不可以食

釋名 師如細味至美
也故之之頃 和名
引崔氏經曰綠甘
温無毒似鱫而尾益
刺相沈者也 主治益
氣刺肝故宜于痢疾
又通水道忠服病者
疹人不可食大者八
九寸小者三四寸至

丹鱛 / 黑鱛

黑鱛 釋名
形似丹鱛 以皮色名之
黑味與匲

丹鱛 釋名
形頰 似丹魚
有黑斑肉氣味似丹
鱛魚年雖為鱛之丁
捷味勝于黑鱛
星鱛 釋名
形似丹鱛黑
勞 形圓白星如星
故名之味茶及于丹鱛
可煮食

藻魚 鮴

鮴相同尚其

釋名 藻藻乃提起乎
何則此魚頭面尿黑色
于丹魚 形似
尾有白黑斑文其形
如摸米丹魚之形
故名之氣 氣味 甘平
無毒 主治和中補氣
刺 肉白而作氣
餠隹也多复則破血
失血人不可以灸

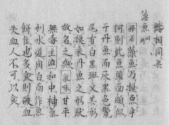

自右上起：
尖嘴柱颌针鱼（鳗鱼）
鳕鱼
鲬鱼（鲏鱼）
鲹鱼
石斑鱼
金黄突额隆头鱼（藻鱼）

189

右起：
平鰭旗鱼、小吻四鰭旗鱼

鱏魚䱜

釋名 此魚脊鬣㯟㯟
連故名婆連疥似鱏
魚鼻長如鰻魚細鱗
青黒腹下灰黒肉色

干綱故名之形狀似
魚師鱗色淡黒鼻火
長似鱏大者六七尺
肉色白有脂油西土
産稀出其民食之味
佳也未知漢名及主
治兵

アミナレ
ハウラ

鯢魚拾遺

釋名 凡家名
鱸魚大者八九尺力
強破綱能免故釣之
日向之海形似千

赤如松魚但無脂油
而味不美此魚産千
西海今以鱍魚當千
此其枕骨黄色而延
鱏魚之訛故假為此
名耳 氣味 淡甘無毒
未知主治功能

バレレ

右起：
鲨鱼、鲨鱼

《鱼谱》

栗本丹洲·画 亲笔 一轴

　　江户时代的医师兼本草家栗本丹洲编纂的鱼类图谱。当时尽管有大量与植物相关的书籍，有关动物特别是虫类鱼类的书却不多，丹洲耗费多年精力完成了《栗氏鱼谱》（现存写本）、《千虫谱》。丹洲画技出色，观察敏锐，其所绘甲壳类图被西博尔德的《日本动物志》所采用。应该说，这样的研究方式和观察方式已经超越了本草家的限制而近于博物学家。

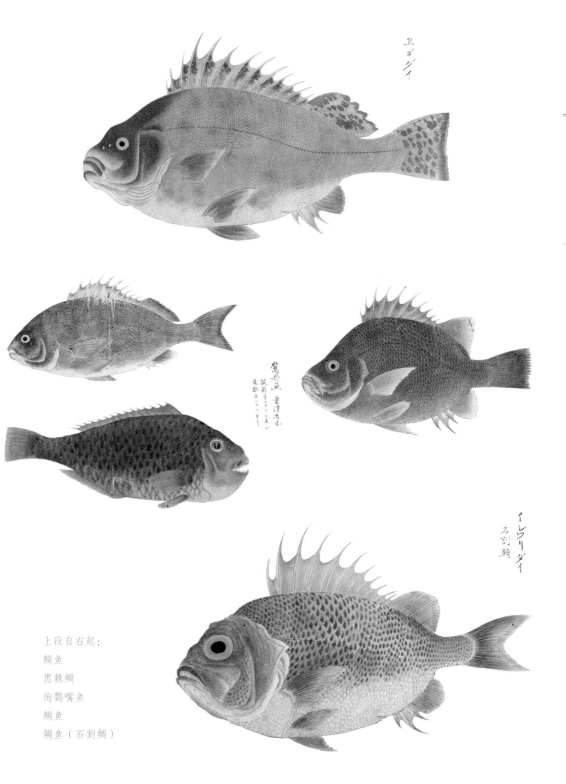

ヱゴダイ

イシワリダイ
石割鯛

鴬鳴の黒・臺灣有之
説前テ云フ三エン
東郊カラフタリ

上段自右起：
鯛鱼
黒棘鯛
绚鹦嘴鱼
鯛鱼
鯛鱼（石割鯛）

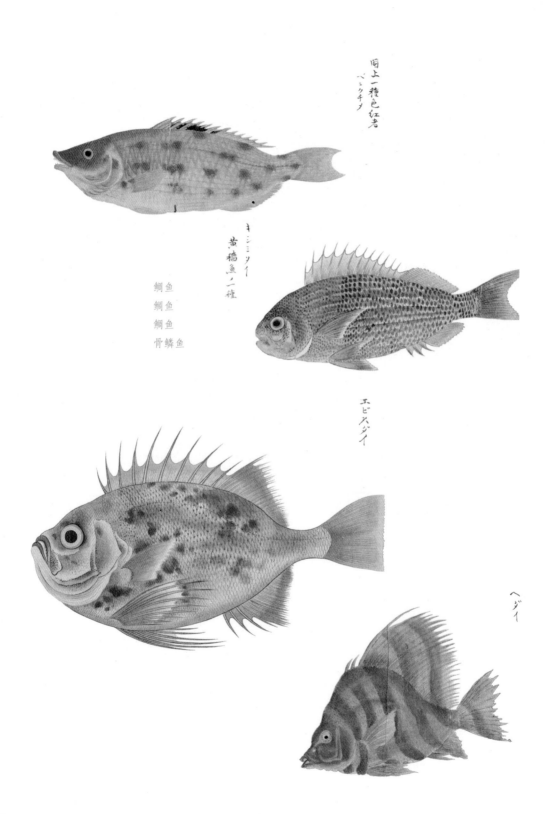

自上起：
斑鳍
突颌隆头鱼
松鲷
猪齿鱼
鲷鱼
尖吻棘鲷

《水族写真　鲷鱼》
奥仓辰行·编

安政二年—安政四年（1855—1857）水生堂

　　在江户神田多町经营菜铺的奥仓辰行绘（？—1859）编的鱼类图谱。奥仓辰行自幼长于绘画，得到居住在邻近的考证学者狩谷掖斋（1775—1835）的认可，从而开始描绘鱼谱。相传在掖斋提供买鱼钱等帮助下，辰行每日往来鱼市场，进行写生和调查研究。汇集写生及临摹作品，从海水鱼、淡水鱼到平家蟹、海蜇等，达七百二十种以上，计划以十数卷的规模刊行。时人以为"鲷鱼乃鱼中之王"，因此辰行将鲷类九十种作为第一卷《鲷部》自费彩色雕版印刷。遗憾的是，由于资金不足，《鲷部》之后的部分未能继续。

　　辰行研究方法的出色之处在于从实物写生展开研究，这和19世纪博物学方法论相一致。图谱有《水族写真——鲷部》、《水族四帖》、《鱼仙水族写真》、《异鱼图纂·势海百鳞》等。

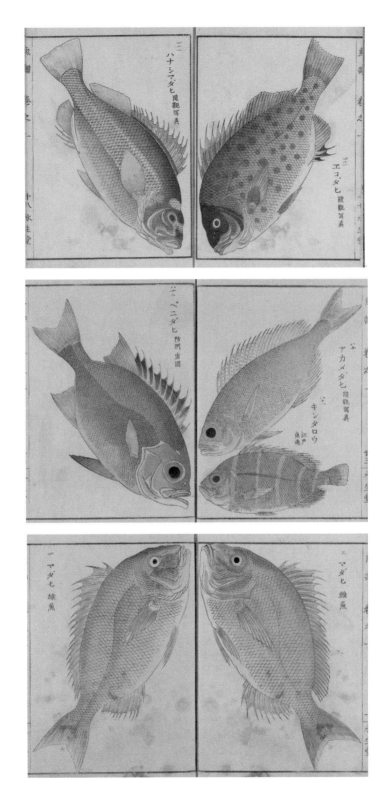

上段自右起：

鲷鱼

鲷鱼

栉鲳

大眼鲷

鲷鱼

赤鲷（雌鱼）

赤鲷（雄鱼）

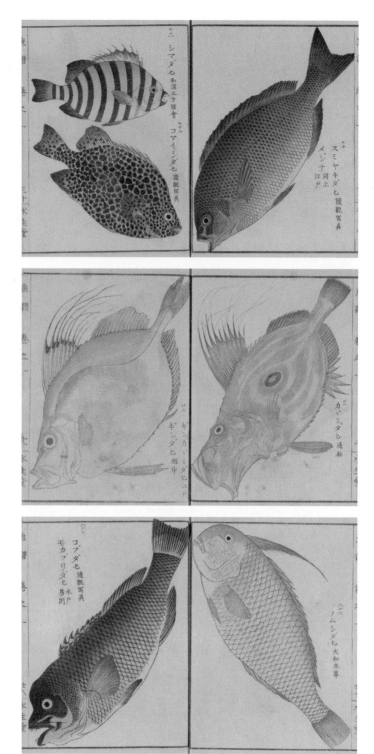

上段自右起：

𩶏鱼

石鲷

石鲷

雨印鲷

眼镜鱼

鲷鱼

突额隆头鱼

自右上角起：
鲷鱼、鲷鱼、荷包鱼
鲷鱼、海鲂、平鲉

《水族四帖　春·夏·秋·冬》
奥仓辰行·画　手稿本　四帖

　　美浓大判规格用纸的四季鱼类图各一册，合计一百九十三页的彩图。这些图全都是绘笔施彩，细密的描画衬托出了该彩色鱼类图谱的出色。解说包括了各地的称呼、形态和汉书的出典等。部分地方亦有剪贴画。第一册卷首有伊藤圭介所写的序，卷尾有伊藤笃太郎的后记。

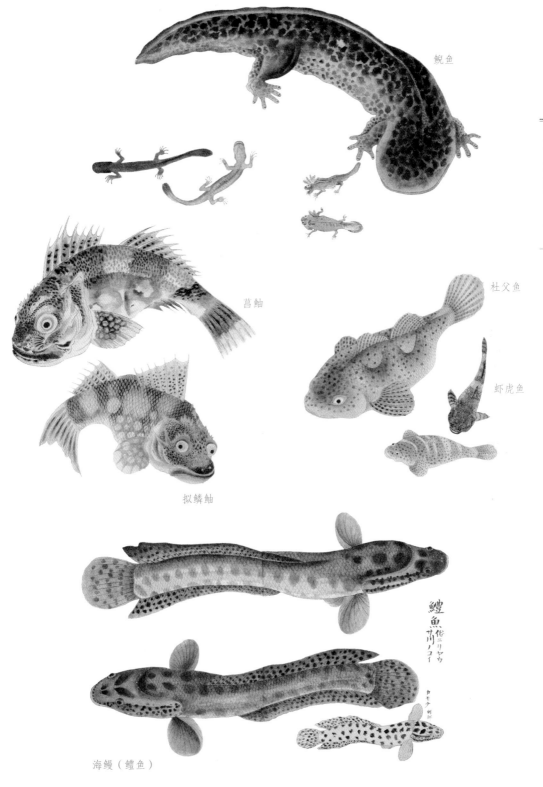

鲵鱼

鱼介类图谱

菖鲉

杜父鱼

虾虎鱼

拟鳞鲉

鳢魚
傳二リヤウ
サカノコイ

カモノ刺魚

海鳗（鳢鱼）

上段自右起：
頷須鮈、杜父鱼、鲤鱼类、似鮈、似鮈、似鮈

上段自右起：

金鱼、鲫鱼、鲤鱼

自上起：

日本平鲉（竹子鱼）、平鲉、石斑鱼

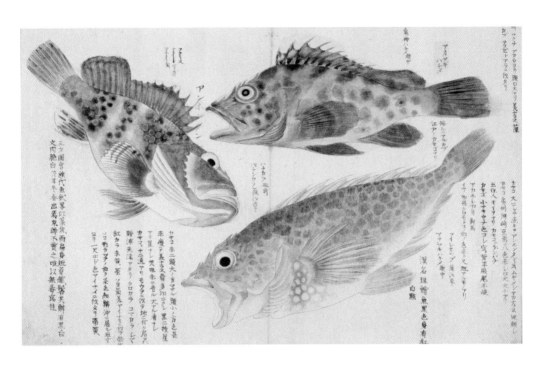

自右上起：

无备平鲉、平鲉（旗代鱼）

菖鲉（珠睑鱼）

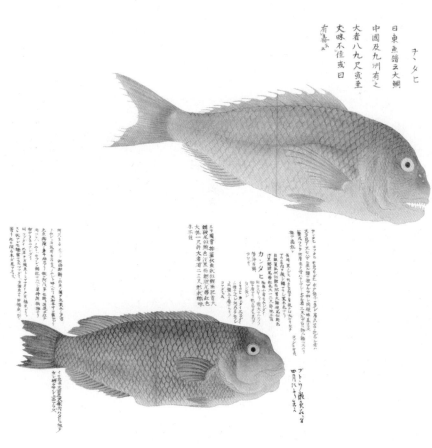

チ丶タヒ

日東魚譜云大鯛
中國及九州有之
大者八九尺或至
大味不佳或日
有毒云

鯛鱼
突额隆头鱼

206

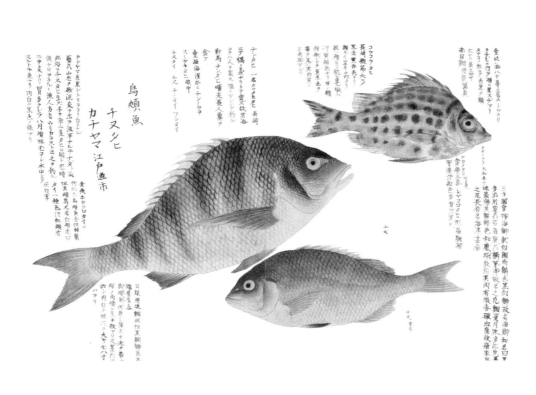

烏頰魚

チヌタヒ
カナヤマ 江戸漁市

鱼鲷鲷
鲷棘鲷
棘棘

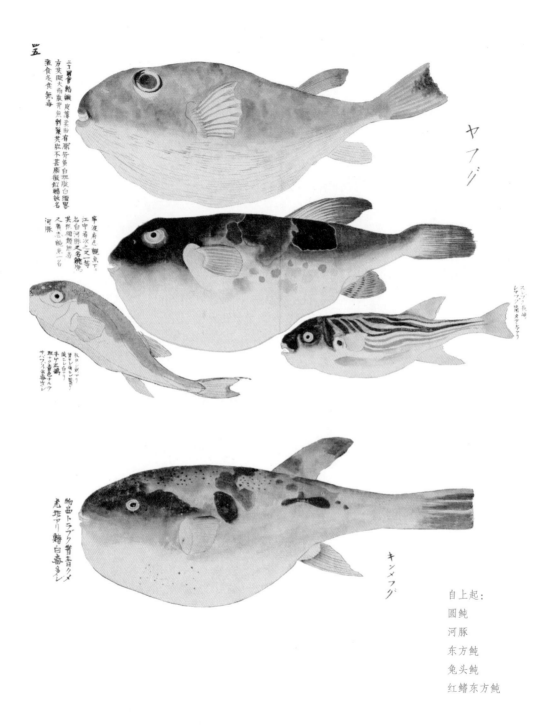

三ナ圓會魚也鰕皮薄至而有薄斗黃白班肤白緔肥方笑腮大而廔背魚剥襄其丗不甚魔儀似鰕説名
藥食冬食無毒

寧渡嵜店鰕魚下。江中有水之又一等名白河豚又名鮧魚其形相類魚包久無毒總魚一名
河豚

牧ヒ鰭ソレ成シニコ廔シ腹ニキヤ王時無々毒慶ヤムテサバフク身毒シ

スレフク秋塲ショフク頭タテアり

物品トラフク背青クメ光班アリ鰭白毒多シ

ヤフグ

キンメフグ

自上起:
圓鈍
河豚
东方鈍
兔头鈍
红鳍东方鈍

208

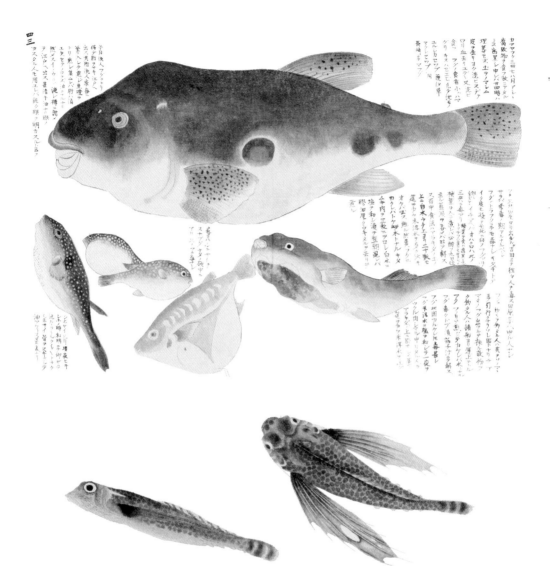

鱼介类图谱

自上起：
紫色多纪鲀
星点东方鲀
密斑多纪鲀
飞鱼

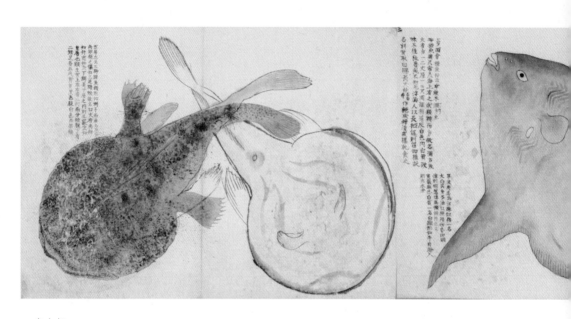

自右起：

翻车鱼（满方）、鲛鳢鱼

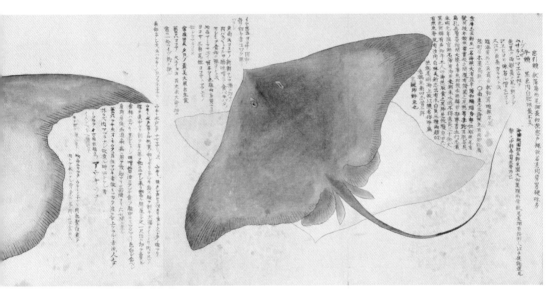

自右起：

鳐鱼、翻车鱼、鲛鳐鱼

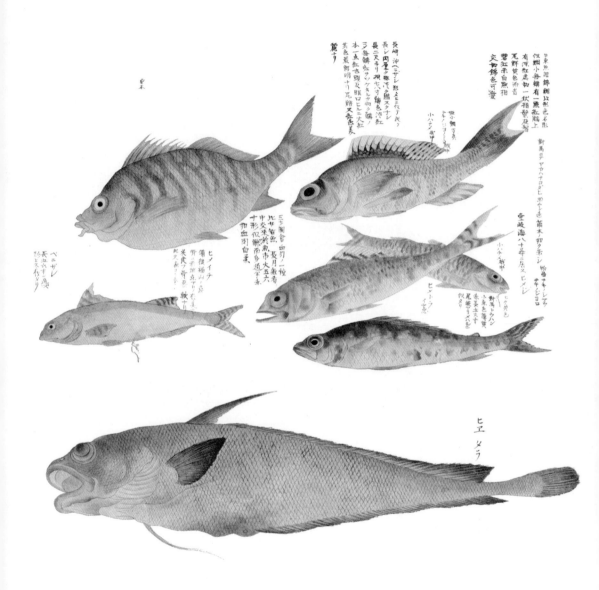

自右上角起：
平鲉（姬小鲷）、平鲉、绯鲤、鳕鱼

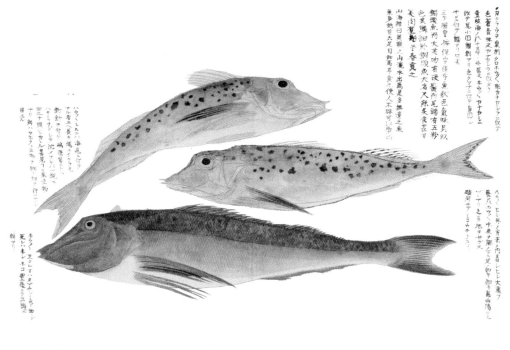

绿鳍鱼

自上起：
菖鮋、貪食舵鱼、雀鯛

自上起：
舵鲣、舵鲣幼鱼、舵鲣

《梅园鱼谱》
毛利梅园·画　亲笔手稿　一帖

天保六年（1835）序

　　《梅园鱼谱》和《梅园鱼品图正》（两帖）共三帖一组的作品，合计收录达二百四十九图。书名来自题签，目录上首题为《写真洞鱼品图正卷三》。共收录了八十七幅鱼类彩图，附有汉名、和名以及解说。除了临摹自其他图谱的鲸类外，都记录了明确的写生日期，可以看到从丙戌（1826）到癸卯（1843）等干支纪年。

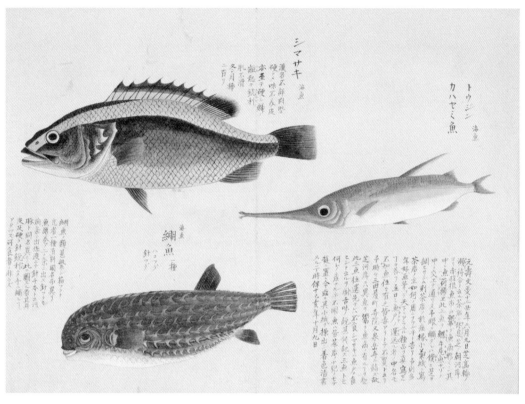

上段自右起：

长吻鱼

紫鲈

箱鲀

自右起：

金鱼

青鳉（丁斑鱼）

青鳉（赤目高）

斑点多纪鲀（河豚）

松原平鲉（金绯鱼）

麦穗鱼（鲹鱼）
平颌鲍鳜（斗鱼）
蓑鲉（赤飞）

舵鲣（鲣鱼）
拟鲈（虎鸡鱼）

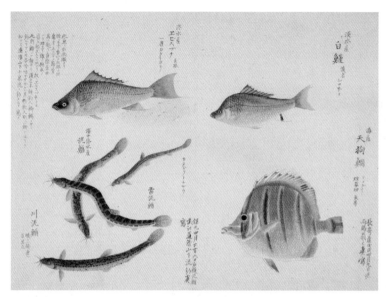

巨口鱲（白鲢）
高身鲫
蝴蝶鱼（天狗鲷）
泥鳅

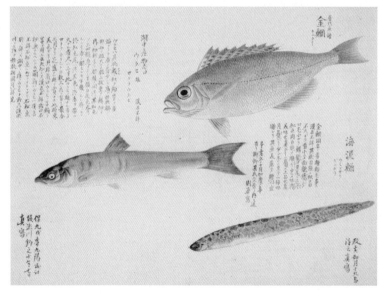

赤鲑（金鲷）
三块鱼
锦鳚（海泥鳅）

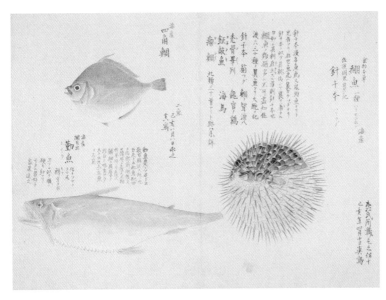

刺鲀（针千本）
方鲷（四角鲷）
刀鱼（鲚鱼）

颈鳍鱼（天须黄稿鱼）
黑鲷幼鱼

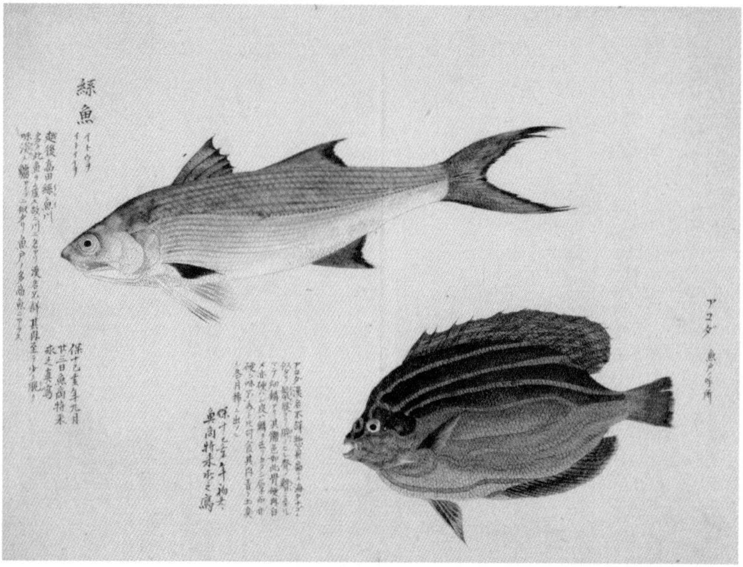

盖刺鱼
马鲅（丝鱼）

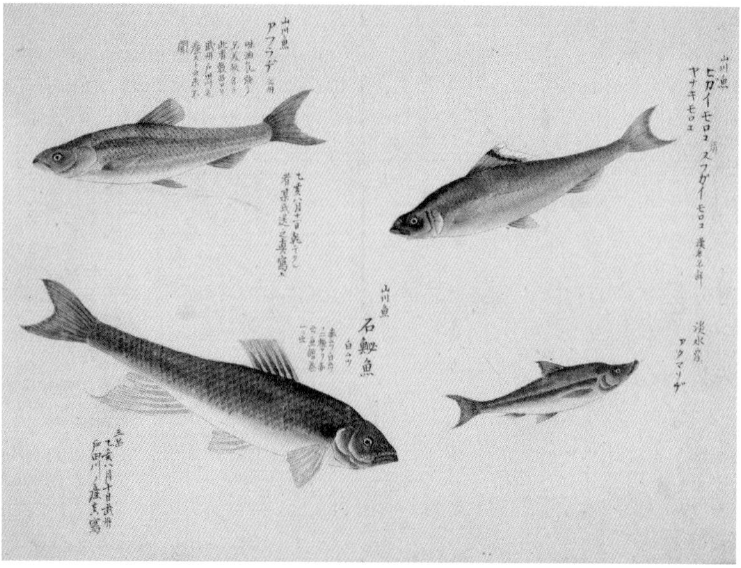

小眼鰁
鱵鱼
石川鱼
纹鱲（石鮅鱼）

《翻车考》

栗本丹洲·著　亲笔手稿　一册

文政八年（1825）序

　　《翻车考》是栗本丹洲收集的九幅图并附上自己的考察，其中有一幅兰书插图源自对翻车鱼同样感兴趣的好友兰学家大规玄泽。翻车鱼，又称满方、浮鬼、浮木等，又叫浮龟、浮木，体长四米，重达一吨半。看上去非常奇特，人人都感兴趣，故而留下不少记录。上部右侧是栗本丹洲的写生图，左侧的《水户岩城万宝鱼图》临摹自丹洲父亲田村蓝水收集的图像。

孔謂之茎利十
其兩眼有喷潮
謂之哥約實
細点其臉圓処
其色黃褐有白
形狀与此一般只
中赤出於魚圖其
紀州鯨漁類図卷
水戸萬寶全圖

又聞此物腸胃學捫食物直入胃中似琵琶魚云
日方成其肝熱黃取油土人大澤其利以無所其棄捐也
其塩薄尼以細傊資之斂之如乾五日曝者十
切作氣脂或塩藏為蓋者作小薄尼以
六七天圍一尺四五寸漁人取之
形圖は白中黃其腸大畜長
処白示下紫黑巴有胎卵
上尖而矢下漸大狀如荷包尖
厚作荷葉紋其忍謂之火十
肝大音如蓋形圓扁而
解剖見內景

《随观写真》

后藤梨春·著

宝历七年（1757）序

安政五年（1858）写本

　　《随观写真》虽然动植物均有收录，现在流传的写本只剩下包括鱼部二百八十八图和介部六十八品的六册。介部六的末尾附有爱好动植物的大名信浓须坂藩（今长野县北部）藩主堀直格（1806—1880）的识语。作者后藤梨春（1696—1771）是江户町医，晚年曾担任医学教育机构跻寿馆的都讲。

海虾

梭子蟹（海蟹）

玳瑁

玳瑁 长九寸

227

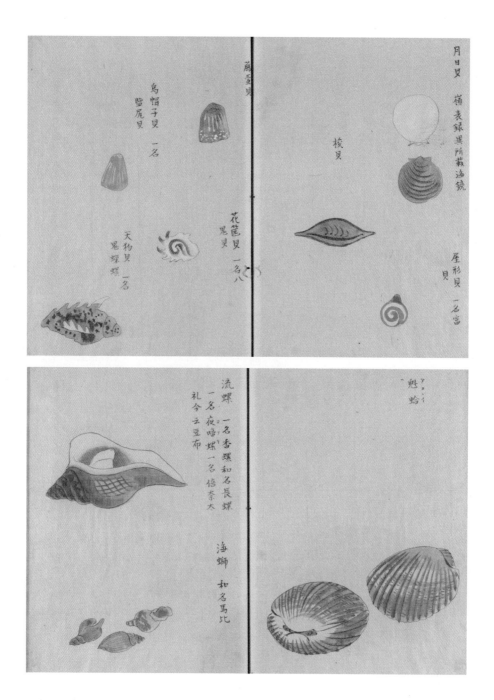

自右上起：

日月蛤（月日贝）、菱角螺（梭贝）、三带泡螺（屋形贝）

？（花筐贝）、茗荷（乌帽子贝）、千手螺（天狗贝）

魁蛤（魁蛤）、长旋螺（流螺）、凤螺（海蛳）

《海月·蛸·乌贼类图卷》
栗本丹洲·画　亲笔一轴

　　题签是《蛸水月乌贼类图卷》。海蜇九图、章鱼三图、鱿鱼四图，卷末尚有龟足和数种海星图。和别的丹洲图谱一样精致。

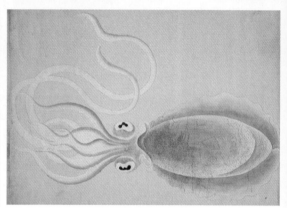

自右上起：
海月水母、海月水母、鱿鱼、海月水母

枪乌贼

海星

海月水母

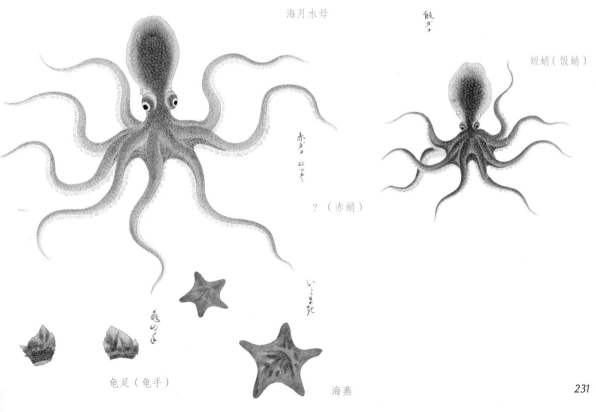

飯ダコ

短蛸（饭蛸）

赤ダコ
砂ツボ

？（赤蛸）

いらま花

亀足（龟手）

海燕

《目八谱》

武藏石寿·著　服部雪斋·画　原本

弘化二年（1845）序

　　《目八谱》是武藏石寿（1766—1861）的巨著，共十五卷十三册，以独特方式将九百种以上贝类划分为十类，被视为日本首部科学贝类图谱。博物画高手服部雪斋的精密绘图被沿着轮廓剪下并贴上。书名为弘化元年（1844）三月富山藩藩主前田利保（1800—1859）所取。据序文所言，利保赞叹石寿对贝类的认识超群绝伦，类似八目（旁观），故而拆贝字为目八，并名为《目八谱》。

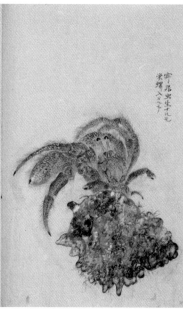

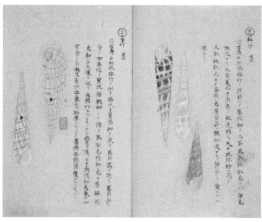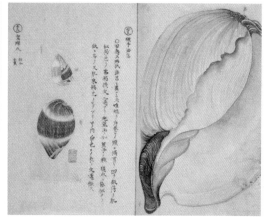

上段自右起：

黑星宝螺（海器），厚腕真寄居蟹。中图是居于角蝶螺中的寄居蟹，左图为其从贝壳中拔出的模样。

下段自右起：

椰子涡螺（椰子介）、酒桶宝螺（砧手海器）。红笋螺（红竹），黑斑筒螺（石牙竹）旁有服部雪斋的落款。

233

《贝茂盐草》

渡部主税·编　手稿本　十五册

宽保元年（1741）序

　　贝类收集到了 18 世纪才开始流行，此前盛行的是仿照三十六歌仙收集歌仙贝。给三十六品贝类取不同的名字，选定三十六首和歌，可以有各种不同的组合。《贝茂盐草》是古老的贝类书之一，临摹的是之前出版的刊本《六六贝合和歌》中的插图。像这样整理先行著作的歌仙贝可以说颇有价值，可惜由于传本稀少而鲜为人知。

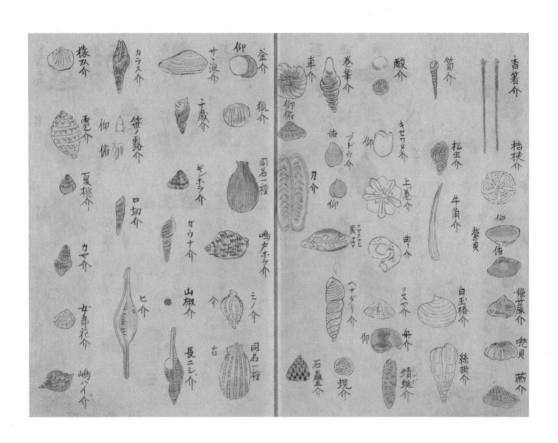

猿ひ介　カラス介　サヽ浪介　釜介
仰
獅介
千歳介
仰　笹ノ露介　ギンホラ介
俯　口切介
夏桃介
同名二種
カ〳〵介
カウナ介　鳴戸ボラ介
ヒ介　山椒介　ミノ介
今
古
同名二種
長ニシ介
女郎花介　嶋イ介

車介　巻筆介　酸介　筒介　香箸介
仰俯　俯　仰　キセワメ介　桔梗介
ブドウ介　上巻介　仰
仰　刀介　松虫介　紫貝
コマヲヒ貝子　牛角介
ヘナタリ介　曲り介　仰
仝　リス介　白玉椿介　姫女郎介
仰　舟介　蛤貝　蕪介
石疊貝介　現介　蜻蛉介　絲掛介

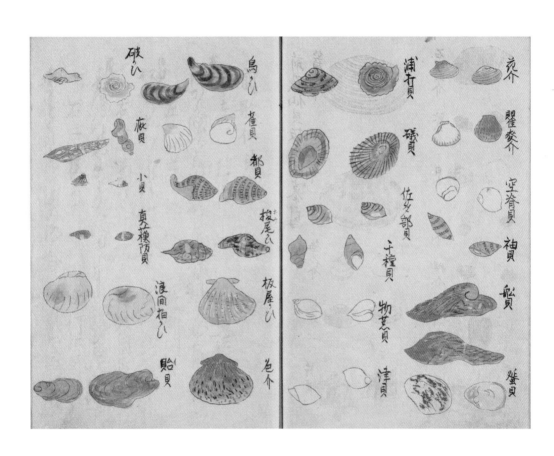

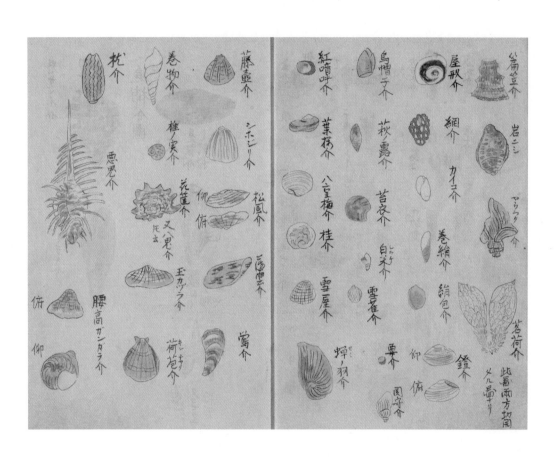

鬼サ〻イ介

追補介圖

色介
是揭介
之別檀

ダイラキ介

袖介
欲仙々
中ノ物
別セ也

人物介绍

饭室昌栩　宽政元年—安政六年（1789—1859）

　　江户后期博物学家。通称庄左卫门，号乐圃、千草堂。从设乐甚左卫门学习，加入天保七年（1836）越中富山藩主前田利保主持的博物研究会"赭鞭会"。安政三年（1856）刊行的十二卷《虫谱图说》是日本最早系统分类的虫类图鉴。

伊藤圭介　享和三年—明治三十四年（1803—1901）

　　江户后期到明治时代的植物学家、兰方医。生于名古屋医生家庭，本姓西山，名舜民、清民，号锦窠，大河内存真（江户时代后期医师、本草家）之弟。从水谷丰文学本草学，随藤林普山学兰学。文政九年（1826），和丰文在热田一起迎接自长崎上江户的西博尔德，深受影响。文政十二年，刊行《泰西本草名疏》，首次介绍了林奈植物分类法。弘化四年（1847）成为名古屋藩医。

岩崎灌园　天明六年—天保十三年（1786—1842）

　　江户后期本草家。出生于江户下谷三枚桥。名常正、万，字士方，通称源藏。师事晚年小野兰山。文化十一年（1814），在若年寄堀田正敦命令下，协助屋代弘贤编集《古今要览》，负责动植物部分以及插图，广受好评。文政九年（1826）与逗留江户的西博尔德交流植物知识，在谷中的住宅内开设"又玄塾"讲授本草。天保元年（1830）致力于编著彩色植物图鉴《本草图谱》，天保十三年完成六十四卷后病殁。殁后，长子正藏继续完成九十六卷的《本草图谱》。

奥仓辰行　不明—安政六年（—1859）

　　江户神田多町二丁目蔬菜商甲贺屋的长子，号鱼仙，通称甲贺屋长右卫门。以贩售蔬菜为生，热衷于学问和游艺。有绘画之才，受汤岛文献学者狩谷掖斋认可和支持，每日来往日本桥两岸的鱼市写生，持续达二十余年。辰行研究方法的出色之处在于从实物写生展开研究，这和 19 世纪博物学方法论相一致。图谱有《水族写真——鲷部》、《水族四帖》、《鱼仙水族写真》、《异鱼图纂·势海百鳞》等。

神田玄泉　生殁年不详

江户时代中期的江户町医师，也称玄仙。享保十六年（1731）完成了日本首部鱼介类图谱八卷本《日东鱼谱》。同书记载有"形状、方言、气味、良毒、主治、功能"等条目的解说。著作另有医书《本草考》、《灵枢经注》、《痘诊口诀》等。

栗本丹洲　宝历六年—天保五年（1756—1834）

江户中后期医师、本草家。博物学家田村蓝水的次子，幕府医官栗本昌友的养子，作为幕府奥医师在幕府医学馆讲授本草学。研究虫类、鱼介类，有日本最早的昆虫图说《千虫谱》等彩色写生图谱传世。画技高超，其写生画经由西博尔德流传海外。

后藤梨春　元禄九年—明和八年（1696—1771）

江户中期本草家、兰学家、町医。出生于江户，原名多田光生，本姓源自能登国七尾城主多田氏，父义方之时改姓后藤。从学田村蓝水，本草学上将之与稻生若水并称。宝历七年至十年（1757—1760）多次参与在江户、大阪举办的物产会。明和二年（1765）任江户医学校跻寿馆都讲，传授本草学。其作《红毛谈》介绍了荷兰地理、历法、物产、科学仪器等知识，可谓日本首本提到电的文献。另著有《本草纲目补物品目录》、《春秋七草》、《震雷记》等。

坂本浩然　宽政十二年—嘉永六年（1800—1853）

江户后期本草家、医生。名直大，通称浩然，号浩雪、蕈溪、樱子、香村。父为和歌山藩医兼本草鉴定坂本纯庵。从父学医，从曾占春学本草学，仕于摄津高槻藩主永井氏。擅画，为纯庵《百花图纂》及远藤通《救荒便览绘图》作画。天保六年（1835）刊行两卷本《菌谱》，收有食菌、毒菌、芝类等五十六种图说，为江户时代菌蕈类书籍之冠。

田村蓝水　享保三年—安永五年（1718—1776）

　　江户中期本草家。出生于江户神田，通称元雄，名登，号蓝水。从阿部将翁学本草。宝历七年（1757）在汤岛第一次举办物产会，公开陈列多年来诸国所采集的动植矿物。宝历十三年成为幕府医师，致力于朝鲜人参的栽培，著有《人参谱》记录栽培法。

服部雪斋　文化四年—不明（1807—　　）

　　江户后期到明治时代画家。以博物画闻名，作品有弘化二年（1845）武藏石寿的贝类图鉴《目八谱》，嘉永七年（1854）万花园主人《朝颜三十六花选》、《华鸟谱》等书的绘图。明治维新后成为博物局的画家，有同局编《动物图》及伊藤圭介编《日本产物志》等书中的精美绘图存世，明治二十一年（1888）后情况不明。

堀田正敦　宝历五年—天保三年（1755—1832）

　　江户中后期大名，通称藤八郎，号水月。仙台藩主伊达宗村末子，后为堀田正富养子，承嗣近江坚田藩主堀田家，转封下野国佐野。担任幕府若年寄①四十二年，涉及医学方面的行政、虾夷地探险、《宽政重修诸家谱》编集等。自身亦为博物家，有《堀田禽谱》、《宽文禽谱》、《宽文兽谱》、《宽文介谱》等著作。

牧野贞干　天明七年—文政十一年（1787—1828）

　　江户后期大名。牧野贞喜次子，常陆笠间藩四代藩主，通称外之助、驹吉。担任幕府奏者番（负责礼仪）。扩充藩校时习馆、医学所博采馆，创设药园、讲武馆。在本草学方面，亲施绘笔，有《鸟类写生图》四卷、《草花写生图》八卷等写生图存世。《鸟类写生图》四卷绘有两百种鸟，附有羽毛之特点，可谓真正的图谱。《草花写生图》绘有二百八十四件花草。

---

① 若年寄：江户幕府的职务名称，直属于将军的重要职务。——编者注

增山雪斋　宝历四年—文政二年（1754—1819）

江户中后期大名、画家。增山正赟长子，伊势长岛藩五代藩主。字君选，号雪斋、巢丘山人、石颠道人等。延聘十时美崖，创设藩校文礼馆。长于书画、诗文，所作虫类写生图谱《虫豸帖》是本草学上的珍贵资料。作为爱慕风雅的文人大名，以雪斋之号闻名于世。

松平赖恭　正德元年—明和八年（1711—1771）

江户中期大名。陆奥守山藩松平赖贞之子，通称大助，号白岳。后为松平赖桓养子，作为赞歧高松藩主致力于殖产兴业，鼓励研究砂糖、盐的制作法。与熊本藩主细川重贤并称的初期博物大名之一，令画师绘有《众鳞图》、《众禽画谱》、《写生画帖》、《众芳画谱》等。任用平贺源内一事亦颇有名。

水谷丰文　安永八年—天保四年（1779—1833）

江户后期本草家。出生于名古屋，字伯献，通称助六，钧致堂。受其父尾张藩士影响爱好本草，曾学于浅野春道、小野兰山，担任本藩药园御用。在藩药园栽培了两千种植物，用于写生和研究。首次在写生图中附上林奈学名。文化六年（1809），刊行收入了四千条对照本草和汉名的《物品识名》两册，广受好评。和伊藤圭介一道在热田迎接江户参府途中的西博尔德，展示自己的图谱。《本草纲目纪闻》六十册之外，未刊著述颇多。

武藏石寿　明和三年—万延元年（1766—1861）

江户时代旗本、本草家。幼名釜次郎，后改为孙左卫门，名吉惠，号石寿，玩珂亭。长期担任甲府勤番（今山梨县甲府市），后返回江户。和富山藩主前田利保一起参与赭鞭会活动。弘化元年（1844）完成《目八谱》十五卷，近千种贝类一一分类，服部雪斋的彩图附上解说。是日本贝类学史上值得大书特书的人物。另有《贝谱群分品汇》、《介壳稀品选》等。

毛利梅园　宽政十年—嘉永四年（1798—1851）

江户后期博物学家。江户筑地旗本之子，名元寿，别号梅园、写生斋、华魁舍等。作为幕臣担任书院番（将军的警卫）一职。二十余岁开始热衷博物学，有大量精美且准确的动植物草图存世。在多为摹写的江户时代图谱中，他的图谱有大半属写生图，作为了解江户时代动植物的优良资料必将流传后世。除《梅园百花图谱》十七册外，尚有《梅园菌谱》、《梅园介谱》、《梅园禽谱》、《梅园鱼谱》、《梅园虫谱》等写生图谱。

森春溪　生殁年不详

江户后期画家。名有煌，字仲秀，大阪人，居于浮世小路。从森狙仙学画法，擅长花鸟画。文政三年（1820）刊行的画谱《肘下选蠕》通过可靠的写生描绘了花草、昆虫的生命之美。《花坛朝颜通》同样是鲜明而精美的牵牛花图谱。此外还有外来物的插图。

屋代弘贤　宝历八年—天保十二年（1758—1841）

江户后期国学家。出生于江户神田明神下，幕臣屋代佳房之子，通称大郎，号轮池。学国学于墒保己一，习儒学于山本北山。参与柴野栗山《国鉴》、墒保己一《群书类从》的编集。受幕命而撰著《古今要览稿》，还参与《宽政重修诸家谱》等的编集。以藏书家而闻名，热衷收集各类书籍，在上野不忍池边设立了"不忍文库"。

狩野博幸

1947 年出生于福冈，同志社大学文化情报学部教授。毕业于九州大学文学部哲学科美学及美术史专业，博士课程中退。由京都国立博物馆学艺员转现职。在博物馆学艺员时期策划了"殁后 200 年：若冲展""曾我萧白：所谓无赖的愉悦展"等，推动了对于若冲的重新评价。著述有《伊藤若冲大全》、《令人瞠目的伊藤若冲〈动植采绘〉》、《无赖画家：曾我萧白》、《江户绘画：难以忽视的真相》等。

图书在版编目（CIP）数据

江户时期的动植物图谱/（日）狩野博幸监修；邢鑫译. — 北京：东方出版社，2019.3

（东方博物书系）

ISBN 978-7-5207-0647-6

Ⅰ．①江… Ⅱ．①狩… ②邢… Ⅲ．①动物—日本—江户时代—图谱 ②植物—日本—江户时代—图谱 Ⅳ．①Q958.531.3-64 ②Q948.531.3-64

中国版本图书馆CIP数据核字（2018）第254641号

EDO NO DOSHOKUBUTSU ZUFU supervised by Hiroyuki Kano
Copyright © 2015 Nobuyoshi Hamada

All rights reserved.Originally published in Japan by KAWADE SHOBO SHINSHA Ltd. Publishers, Tokyo.

This Simplified Chinese edition is published by arrangement with
KAWADE SHOBO SHINSHA Ltd. Publishers, Tokyo c/o Tuttle–Mori Agency, Inc., Tokyo
through Hanhe International(HK) Co., Ltd., Hongkong.

江户时期的动植物图谱
（JIANGHU SHIQI DE DONGZHIWU TUPU）

作　　者：狩野博幸监修　邢鑫译
出　　版：东方出版社
发　　行：人民东方出版传媒有限公司
地　　址：北京市东城区东四十条113号
邮政编码：100007
印　　刷：北京联兴盛业印刷股份有限公司
版　　次：2019年3月第1版
印　　次：2019年3月第1次印刷
开　　本：720毫米×1000毫米　1/16
印　　张：17.25
书　　号：ISBN 978-7-5207-0647-6
定　　价：90.00元
发行电话：（010）85924663　85924644　85924641